气井气体携液及井下涡流排水理论研究

潘杰　著

中国石化出版社
HTTP://WWW.SINOPEC-PRESS.COM

内 容 提 要

　　本书系统阐述了气井气体携液及井下涡流排水理论方面的研究成果。结合理论分析与数值模拟手段研究了气井连续携液及井下涡流排水采气理论，揭示了气井井筒积液及井下涡流工具排水采气的动力学机制，建立了基于液滴/液膜的气井气体携液理论模型，阐释了气液两相螺旋涡流减阻机理，开展了井下涡流工具结构优化设计，最终建立了完善的气井气体携液及井下涡流排水理论。

　　本书可供石油与天然气工程领域的科研工作者、工程技术人员以及高校相关专业的师生使用和参考。

图书在版编目（CIP）数据

气井气体携液及井下涡流排水理论研究/潘杰著.
—北京：中国石化出版社，2019.12
ISBN 978 - 7 - 5114 - 5639 - 7

Ⅰ.①气…　Ⅱ.①潘…　Ⅲ.①排水采气 - 研究
Ⅳ.①TE375

中国版本图书馆 CIP 数据核字（2019）第 301076 号

中国石化出版社出版发行
地址:北京市东城区安定门外大街 58 号
邮编:100011　电话:(010)57512500
发行部电话:(010)57512575
http://www.sinopec-press.com
E-mail:press@ sinopec.com
北京柏力行彩印有限公司印刷
全国各地新华书店经销
*
710×1000 毫米 16 开本　8.5 印张　152 千字
2019 年 12 月第 1 版　2019 年 12 月第 1 次印刷
定价:45.00 元

前　　言

在有水气藏开发中后期，地层压力下降，气井产气量减少，产水量增大。井筒内的气相能量不足以将产出水携带到地面，会在井筒底部逐渐积累形成积液。井底的积液不但会增加气井产层的回压，导致产气量减少，严重时甚至会堵死气井，造成停产。气井积液问题在低产有水气井中普遍存在，会严重影响气井正常生产，并导致气藏最终采收率和气井开采期显著降低。一般采用排水采气工艺技术消除低产气井井底积液，确保气井的平稳生产并延长其生产周期，达到挖掘气井生产潜力和提高采收率的目的。加强对气井积液及排水采气技术的基础理论研究，对优化气井配产、延长气井开采周期以及提高气井采收率具有十分重要的意义。

本书结合理论分析和数值模拟手段，开展了气井气体携液及井下涡流排水理论研究，建立了基于液滴/液膜受力分析的垂直气井临界携液流速预测模型，阐释了气液两相螺旋涡流减阻机理，进行了井下涡流工具结构优化设计，揭示了气井井下涡流排水的动力学机制。本书共7章，其中第1章为绪论；第2章建立了气井临界携液流速预测模型；第3章分析了井下涡流排水采气工艺原理；第4章开展了涡流工具气液两相旋流数值分析；第5章进行了涡流工具正交试验与优化设计；第6章分析了涡流工具的有效作用长度；第7章是结论。

本书的研究工作受到了国家自然科学基金项目（No. 51774237，51304160）、陕西省博士后科研项目（No. 2016BSHEDZZ25）和西安石油大学优秀学术著作出版基金的资助。在作者的研究工作中，西安石油大学石油工程学院陈军斌教授多次给予具体指导，提出了创造性的建议，使作者受益匪浅。本书研究工作的完成，同样离不开家人长期以来的理解和支持。在此向所有支持作者研究工作的单位和个人表示衷心的感谢！从作者所在课题组毕业的硕士研究生王武杰、孙亚茹对研究工作做出了贡献，在此一并表示感谢！

由于作者水平有限，书中不妥之处在所难免，恳请读者批评指正。

目　　录

I

1 绪 论

1.1 研究工作的背景及意义

随着开发过程的不断深入，我国部分天然气田已进入中后期开采阶段，地层压力下降，低产气井的比例越来越大，产水气井日益增多，产水量也逐渐增大。由于大部分低产气井不能满足最小携液流量的要求，产出水不能及时排除，会在井底形成积液，导致气井无法正常生产。气井积液的危害很大，不但会增加气井产层的回压使气井产气量减少，严重时甚至会堵死气井，造成停产。气井积液问题会对气井生产造成严重影响，从而导致气藏的最终采收率和气井开采期显著降低[1]。因此，准确预测气井积液对优化气井配产具有十分重要的意义。

针对低压有水气井，一般采用排水采气工艺技术，以消除井底积液，确保气井的平稳生产并延长其生产周期，达到挖掘气井生产潜力和提高采收率的目的。目前常见的排水采气技术包括优选管柱、泡沫、气举、柱塞气举、机抽、电潜泵和射流泵等多种工艺技术[2,3]，表 1-1 给出了不同排水采气工艺技术的特点。

表 1-1　典型排水采气工艺技术的特点

举升方法	最大排液量/（m³/d）	井深/m	井身情况	开采条件			设计难易	投资成本	运转效率/%
				水气比	含沙	地层水结垢			
优选管柱	100	2700	较适宜	适宜	适宜	较好	简单	低	—
泡沫	120	3500	适宜	适宜	适宜	有影响	简单	低	—
气举	600	3500	适宜	适宜	适宜	较好	较易	较低	较低
柱塞气举	30	2800	受限	敏感	受限	较差	较易	低	较低
机抽	70	2700	受限	敏感	受限	较差	较易	较低	<30
电潜泵	800	2950	受限	敏感	受限	较差	较复杂	较高	<65
射流泵	300	2800	受限	敏感	有影响	较差	较复杂	较高	最高34

大量井底积液通过排水采气工艺排出到地面上，在进行举升、处理和注入的过程中需要消耗大量能量，导致天然气开采成本显著增大，并且严重缩短了气井的经济可采寿命。为了提高气井生产效率和降低能耗，国内外专家学者对传统的排水采气工艺进行了优化，同时也提出了一些适用于低压有水气井的新型排水采气工艺，比如单管球塞连续气举、分体式柱塞气举、井下气液分离技术、气体加速泵技术、超声波排水采气技术、连续油管深井排水采气技术、组合排水采气技术以及涡流排水采气技术等[4]，为不同类型气藏的排水采气提供了新思路。

涡流排水采气技术是美国能源部（DOE）下属的低产井协会在 2001 年资助的科研项目，由美国 NETL（国家能源技术实验室）组织实施、测试、验收[5,6]。该技术能够充分利用气体自身膨胀能量提高流体的携液举升能力，从而有效改善气井生产状态，减缓气井衰减率，延长气井开采期和提高气井采收率，是目前极具发展前景的新型排水采气技术。

目前，我国部分天然气田已进入中后期开采阶段，存在大量的低产有水气井。与此同时，我国气井井下涡流排水采气技术尚处于起步阶段，对涡流排水采气的动力学机制和螺旋导流板气液两相螺旋涡流减阻机理认识不足。因此，加强对涡流排水采气技术的基础理论研究，能够有效促进气井井下涡流排水采气技术进步。

本书结合理论分析和数值模拟手段开展了气井连续携液及井下涡流排水采气理论研究，分别建立了基于液滴和液膜假设的垂直气井临界携液流速预测模型，分析了气井井下涡流排水采气工艺原理，开展了旋流场中液滴/液膜的气体携液理论分析，揭示涡排井筒内螺旋导流板引发的气液两相螺旋涡流动力学特性，探索井筒内气液两相螺旋涡流的气液相界面行为和二次流特性及其演变规律，明确井筒内流型转变和气液两相螺旋涡流形成的动力学机制，分析旋流条件下井筒壁面环状液膜的形成及稳定机理，明确旋流的衰减过程及衰减规律；基于自由旋流剪切理论和旋流数理论分析涡流衰减变化规律，预测旋流的维持长度；建立壁面液膜存在长度的预测模型，准确预测井下涡流工具的有效作用长度。项目的实施能够深刻揭示气井连续携液及气井井下涡流排水采气的动力学机制，并阐明了螺旋导流板气液两相螺旋涡流减阻机理，为我国有水气井积液预测以及井下涡流排水采气工艺设计和涡流工具结构优化奠定了理论和技术基础。其研究成果对准确预测气井积液和促进我国气井井下涡流排水采气技术的发展具有十分重要的意义。

1.2 气井临界携液流速模型研究现状

1.2.1 研究现状

目前解释气井积液的主流观点有两种：一种是基于液滴携液假设，该假设认为气井井筒内气液两相主要以环雾流的形式流动至井口，气井积液的产生是由于气相不足以将液滴携至地面而造成液滴回落，这是导致气井积液的主要原因；另一种是基于液膜携液假设，该假设认为气井井筒以液膜流动为主，液膜回流是导致气井积液的主要原因。基于两类假设的携液机理完全不同，模型的预测结果也差别较大，但在现场应用时都存在一定的局限性。

Turner 等[7]最早提出了基于液滴受力分析的临界携液流速预测模型，其预测值较大，结果较为保守。Coleman[8]发现将 Turner 模型计算结果降低 20% 作为气井积液的判断标准具有更好的准确性。Nosseir 等[9]提出根据气流速度求出对应的曳力系数后再应用 Turner 模型进行临界携液流速计算。Li 等[10]假设液滴为椭球状，并给出了给定曳力系数取值情况下的临界携液流速预测公式。Sutton[11]提出的气体临界携液流速模型采用了更加准确的表面张力计算公式。李闯等[12]基于椭球形液滴提出了新的临界携液流速预测模型，但是从其推导过程可知其液滴形状实际上是圆柱体。李元生等[13]指出如果采用椭球来计算气体临界携液流速，其计算值要比李闯模型[12]大 7.5%。李闯发现将曳力系数取为 1 时，其预测结果较 Turner 模型[7]低约 62%。刘广峰等[14]从持液率的角度对气井气体临界携液流速进行了预测。王毅忠和刘庆文[15]根据 Grace[16]的研究结果，以球帽形液滴为假设建立了新的气体临界携液流速预测模型，其预测结果较李闯模型小 10%。高武斌等[17]认为 Grace 图版不适合来判定气井中液滴的形状，因此王毅忠和刘庆文[15]按照球帽形假设推导出的临界携液流速公式理论依据不足。杜敬国等[18]提出了新的气体临界携液流速预测模型，发现该模型的预测结果是李闯模型预测结果的 1.2 倍。Zhou 等[19]提出了垂直气井携液的多液滴理论模型，但是该模型成立的前提是完全雾状流，使其模型适用性受到限制。彭朝阳[20]在椭球形液滴假设基础上建立了气井临界携液流速预测模型，其预测结果较 Turner 模型[7]降低约 31%。刘婕等[21]引入了流型判别的思想，即认为气井实际气相表观流速大于李闽模型计算的临界携液流速时，气井两相流流型为环雾流，然后按照环雾流模型的计算方法计算气井实际的流动参数，若计算出来的气体体积分数值大于流型转变的临界点[22]，则确认流型为环雾流，否则就不是环雾流。王志彬等[23]、周瑞立等[24]和周舰等[25]均认为液滴在气流中会发生变形成为椭球形，并在此基础上建立了气井临界携液流速预测模型。该模型考虑了液滴的连续变形，其变形参数采用临界韦伯数计算，临界韦伯数采用考虑了气相流速与液相流速影响的液滴临界韦伯数的计算模型[26]，曳力系数均采用 Helenbrook 等[27]的模型。谭晓华和李晓平[28]通过从能量角度求解最大液滴直径，建立了新的气井临界携液流速预测模型，但是该模型没有考虑液滴变形以及变形对液滴表面自由能的影响。周德胜等[29]、黄铁军等[30]根据实验结果对 Zhou 的模型进行了修正，使其具有更好的预测精度。刘刚[31]通过采用更加精确的表面张力计算式，对李闽模型进行了修正。熊钰等[32]将更加精确的曳力系数计算模型用于预测气井气体携液，但从预测结果上看，熊钰模型的预测值偏大。上述模型均是针对垂直气井建立的基于液滴假设的气体临界携液预测模型。

在气田实际开发过程中，气井形式有水平井、斜井和垂直井。学者们在液滴模型假设的基础上针对不同的井型建立了特定井型下的临界携液流速（流量）计算模型。Pushkina 等[33]针对垂直气井，通过引入给定取值的无量纲参数 Ku 数，建立了基于液膜反转假设的气体临界携液流速预测模型。但 Richter 等[34]则认为 Ku 数会随着管径的增大而增大。Wallis[35,36]引入无量纲参数 N_{gv}（随着井筒直径的增大而增大）建立了垂直井筒气体临界携液流速预测模型。Owen[37]则认为 Wallis 模型的无量纲参数取值偏大。肖高棉等[38]认为分层流在水平井中为主导流型，以液膜流动为主，而环状流在垂直井筒中为主导流型，越接近井口越向雾状流发展。李元生等[13]认为垂直段和倾斜段的液滴回落会在水平段造成积液，若要保证气井正常生产，必须保证临界携液气速同时大于液滴在三种井型下各自的气体临界携液流速。于继飞等[39,40]提出了考虑井斜角影响的定向气井气体临界携液流预测模型。杨文明等[41]针对定向气井建立了基于液滴假设的气体临界携液流速预测模型。这一类斜井与水平井中的临界携液液滴模型均基于只要将液滴携至地面就可以避免井底积液的假设。但王琦等[42]指出液滴不会稳定存在于水平和倾斜井筒中。同时，陈德春等[43]也认为液滴不会稳定存在于气相中，并提出了基于液膜假设的定向气井气体临界携液流速预测模型，其预测结果与现场数据符合较好。

国内外学者建立的不同气井临界携液预测模型对比见表1-2。

表1-2 不同的气井临界携液预测模型对比

井型	参考文献	模型假设	模型表达式	备注
垂直井	Turner 等 (1969)	液滴模型	$V_g = 6.6 \times \left[\dfrac{\sigma(\rho_1 - \rho_g)}{\rho_g^2} \right]^{0.25}$	球形液滴，$We_c = 30$，$C_D = 0.44$，并增大20%修正
	Coleman 等 (1991)	液滴模型	$V_g = 5.5 \times \left[\dfrac{\sigma(\rho_1 - \rho_g)}{\rho_g^2} \right]^{0.25}$	球形液滴，$We_c = 30$，$C_D = 0.44$，不做修正
	Li 等 (2001)	液滴模型	$V_g = 2.5 \times \left[\dfrac{\sigma(\rho_1 - \rho_g)}{\rho_g^2} \right]^{0.25}$	椭球形液滴
	王毅忠等 (2007)	液滴模型	$V_g = 2.25 \times \left[\dfrac{\sigma(\rho_1 - \rho_g)}{\rho_g^2} \right]^{0.25}$	球帽形液滴
	Zhou 等 (2010)	液滴模型	$V_g = (6.5 \sim 7.8) \times \left[\dfrac{\sigma(\rho_1 - \rho_g)}{\rho_g^2} \right]^{0.25}$	圆球液滴，考虑液滴聚并
	王志彬等 (2012)	液滴模型	$V_c = \left[\dfrac{4gWe_c}{3C_D K^2} \right]^{0.25} \times \left[\dfrac{\sigma(\rho_1 - \rho_g)}{\rho_g^2} \right]^{0.25}$	椭球形液滴，临界韦伯数随变形参数的不同而不同，曳力系数与变形参数 K 有关
	周瑞立等 (2013)			椭球形液滴，临界韦伯数随变形参数的不同而不同，曳力系数与变形参数 K 有关
	熊钰等 (2015)			椭球形液滴，临界韦伯数随变形参数 K 变化，曳力系数采用 GP 模型计算
	Pushkina 等 (1969)	液膜模型	$V_c = Ku \times \left[\dfrac{g\sigma(\rho_1 - \rho_g)}{\rho_g^2} \right]^{0.25}$	$Ku = 3.2$
	Richter 等 (1977)			$Ku = 1.75 \sim 3.2$，Ku 随管径增加（25.4 ~ 254mm）
	Wallis (1969)	液膜模型	$V_c = N_{GV} \times \left[\dfrac{gd(\rho_1 - \rho_g)}{\rho_o^2} \right]^{0.25}$	$N_{GV} = 0.7 \sim 1$，N_{GV} 随管径增加
	Owen (1986)			$N_{GV} = 0.52$
	吴丹 (2015)	液膜模型	$V_g = 2.88 \times \left[\dfrac{g\sigma(\rho_1 - \rho_g)}{\rho_g^2} \right]^{0.25}$	

续表

井型	参考文献	模型假设	模型表达式	备注
倾斜井	杨文明等 (2009)	液滴模型	$V_c = \left[\dfrac{4g\sigma(\rho_1 - \rho_g)N_{We}}{3\rho_g^2 C_D \sin\beta} \right]^{0.25}$	
	于继飞 (2011)	液滴模型	$V_c = 5.214 \times \left[\dfrac{Re\cos\alpha}{(C_D Re - 16)} \right]^{0.25}$ $\left[\dfrac{\sigma(\rho_1 - \rho_g)}{\rho_g^2} \right]^{0.25}$	半球形液滴
	李元生等 (2014)	液滴模型	$V_c = \left[\dfrac{16\sigma}{3} \dfrac{(\rho_1 - \rho_g)g}{C_D \rho_g^2 \sin^2\theta} \right]^{0.25}$	
	Shi 等 (2015)	液滴模型	$V_c = 76.4 \times \dfrac{\sigma\mu \sin^2\beta \tan^2\theta}{\rho_g^3(\rho_1 - \rho_g)g d^2 md \cos^3\theta}$	球帽形液滴
	肖高棉等 (2012)	液膜模型	$V_c = 4 \times \left[\dfrac{\rho_1^3 g Q_F \mu_1 \sin^2\theta}{3 f_i \rho_g^3} \right]^{1/6}$	
	陈德春 (2016)	液膜模型	$V_g = (0.308 \sim 0.828) \times$ $\left\{ 6.6 \times \left[\dfrac{\sigma(\rho_1 - \rho_g)}{\rho_g^2} \right]^{0.25} \right\}$	对 Turner 模型的修正，适用于所有井型
水平井	Lei 等 (2009)	液滴模型	$V_c = 8.12 \times \left[\dfrac{\sigma(\rho_1 - \rho_g)}{\rho_g^2} \right]^{0.25}$	球形液滴
	李元生等 (2012)	液滴模型	$V_c = \left[80 \sqrt{15} \dfrac{\sigma(\rho_1 - \rho_g)g}{C_1 \rho_g^2} \right]^{0.25}$	椭球形液滴，$We_c = 30$
	Belfroid 等 (2008)	液膜模型	$V_c = 6.6 \times \left[\dfrac{\sigma(\rho_1 - \rho_g)}{\rho_g^2} \right]^{0.25}$ $\dfrac{[\sin(1.7\theta)]^{0.38}}{0.74}$	携液气流速最大位置出现在造斜段
	陈德春 (2016)	液膜模型	$V_g = (0.769 \sim 0.829) \times$ $\left\{ 6.6 \times \left[\dfrac{\sigma(\rho_1 - \rho_g)}{\rho_g^2} \right]^{0.25} \right\}$	对 Turner 模型的修正，适用于所有井型

1.2.2 存在的主要问题

虽然国内外学者针对气井气体携液问题开展了深入研究，提出了大量的连续携液预测模型，但上述模型在应用中均存在预测精度不高、适应性不强的问题，制约了其现场推广。主要原因如下。

（1）各模型假设条件很难满足所有气井

对垂直井筒，各模型普遍采用适用于雾状流的液滴模型假设，即假设液相主要或全部以液滴的形式存在。对于水平井和倾斜井筒内的气体携液过程，大多学者认为液相主要以液膜的形式被气流携带，认为液滴不能长时间稳定存在于水平和倾斜井筒内，这部些学者分别提出了基于液膜假设的气体临界携液流速预测模型；还有一些学者认为水平和倾斜井筒内液相以液滴形式存在，并建立了相应的基于液滴假设的气体连续携液预测模型。实际上，作者认为，对于产气量大而产液量小的垂直、倾斜与水平井筒，液滴模型的假设是合理的；对于产液量较大的气井，液膜模型的假设是合理的。即无论是液滴模型还是液膜模型，必须要求现场气井的真实条件满足模型的假设条件才行，否则不可避免会出现预测精度低的情况。

（2）液滴模型中液滴变形后的曳力系数计算存在的问题

目前已有的曳力系数计算模型一般采用固体颗粒进行实验验证，其预测结果只与雷诺数有关。但实际上具有不同形状的固体颗粒，在相同雷诺数下其流动边界层的分离位置是不同的[44]，从而导致非球形固体颗粒的曳力系数与球形颗粒的曳力系数必然是不同的。另一方面，已有的曳力系数计算模型的雷诺数适用范围都较小，很难满足气井高雷诺数下的曳力系数计算要求。

1.3 涡流排水采气技术简介

1.3.1 涡流排水采气工具结构

常见的 DX（Downhole tools）系列[45]井下涡流工具见图 1-1。DX 型号涡流工具，通过螺纹固定于油管柱底部，流体沿工具侧孔流入，用于解决直井积液问题；DXI（Downhole Inline）型号涡流工具通过螺纹固定于油管柱底部，流体沿工具底部流入，用于直井或者水平井；DXR（Downhole Retrievable）型号为打捞式涡流工具，安装在专用油管短节或环形回挡中，通过钢丝/测井电缆嵌入油管，可用于直井和定向井；DXPL（Downhole Plunger Lift）型号为打捞式涡流工具，通过钢丝/电缆下入油管，取代柱塞举升缓冲弹簧装置，并对柱塞气举进行辅助；DXB（Downhole Bullnose）型号为打捞式涡流工具，通过螺纹或焊接连接在连续油管底部，主要用于浅井。

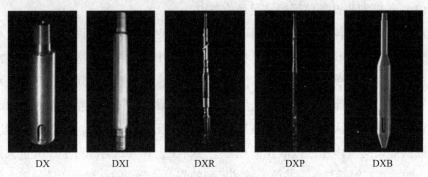

| DX | DXI | DXR | DXP | DXB |

图 1 - 1　DX 系列井下涡流工具

其中，DXR 型涡流工具是比较常见且相对应用较多的井下涡流工具，本书的数值模拟就采用此型号来建立几何模型。DXR 型涡流工具实物图与结构图见图 1 - 2。

(a)DXR型井下涡流工具实物图

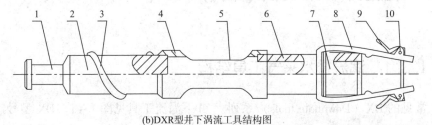

(b)DXR型井下涡流工具结构图

图 1 - 2　DXR 型涡流工具示意图

1—打捞头；2—螺旋变速体；3—螺旋带；4—导向腔；5—排液口；
6—连接段；7—坐落头；8—坐落器；9—卡簧；10—卡簧轴

图 1 - 3 是井下涡流工具在苏格里气田的应用投放安装现场。投捞式 DXR 涡流工具安装步骤如下：

(1) 井下 DXR 工具通过一根钢丝或测井电缆下入油管柱；

(2) 为了确保油管柱清洁，并核实座节深度，运行 DXR 工具前，应使用通井规和刮削器通井；

（3）DXR 工具可置于专用油管短节或接箍挡环中；

（4）若为产量更高生产井，则建议装配座节；

（5）若先前未安装座节，安装工具时应考虑安装接箍挡环，以应对井上作业，用于起出油管并下入专用油管短节；

（6）正常运行的 DXR 工具，液位通常保持在油管底部附近的位置。负责生产的工程师应决定 DXR 工具在井下的设置位置，将液位保持在适当高度。

图 1 - 3 涡流工具的现场投放安装

1.3.2 涡流排水采气技术原理

涡流排水采气技术利用多相流动力学原理，通过特殊设计的涡流工具，改变井筒内气液两相流体的流动状态和运动方式，可实现将垂直向上无序运动的紊流转换为螺旋向上有序运动的涡流，从而达到减小井筒流动阻力和提高气体携液能力的目的。与传统排水采气工艺相比，涡流排水采气技术具有以下特点。

（1）无序流动转变成有序流动

在气井生产中，流体在井筒中的流动为湍流和杂乱无章的，消耗了能量，涡流工具将无序的流动转变成有序的涡流。在多相流中，高湍流度会导致较高的压降。涡流工具可将无序的湍流流动转变成规则有序的流动，从而降低压降。在涡流工具提供的离心力作用下，流动变为层流：大部分液相以螺旋流的形式沿着管壁向井口运动，气体会集中在中心涡，做强层流流动；液体在层流形式下被带走，减少了积液，如图 1 - 4 所示。

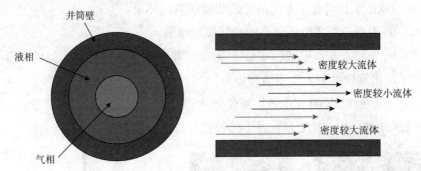

图1-4 经过涡流工具后气液相分布变化

（2）液相边界层的缓冲

气液两相流通过涡流工具形成有效的旋转角度，将会维持很长距离。本来中心气体与不动的管壁直接接触，摩擦较大；现在气体与管壁上流动的液体接触，液体在管壁上，相当于形成了液相边界层，具有一定的缓冲效果，流体与流动边界的速度差降低，切应力降低，摩擦损耗减小。

（3）气相与液滴滑脱损失的降低

在涡流工具作用下，由于气液相的密度差，气相中携带的液滴被甩至壁面，气流中液滴量减少。气流与其携带液滴之间的滑脱损失降低，气体因携带液滴运动所消耗的功减少，流动压降降低。

（4）防止管壁回流

关于井底积液产生的原因，部分学者认为是管壁液膜的反向流动，基于反向液膜积液机理，只要阻止或延迟反向薄膜流动就能有效防止井筒积液。涡流工具的使用可以形成环状液膜，达到这一效果。

井下涡流工具的基本工作原理为：当气液多相流体进入涡流工具时，受涡流工具结构影响使流体快速旋转形成螺旋涡流，离心力的存在使得密度较大的液体被甩向井筒壁面，在壁面上形成涡旋上升的环状液膜，气体则由井筒中心向上运动，从而将两相湍流流态转换为涡旋状的两相分层流态，液相边界的存在有效减小了切应力和气流的摩擦损失，使得井筒流动阻力和滑脱损失减小，减小或者预防了管壁液膜的回流，同时降低了井底流压。图1-5和图1-6分别给出了井下涡流排水采气的基本工作原理和涡流流动轨迹示意图[6]。

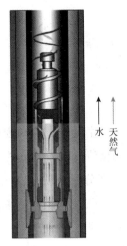

水 天然气

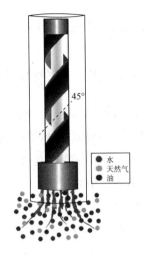

45°

水
天然气
油

图1-5　井下涡流排水采气工作原理　　　　图1-6　井下涡流流动轨迹示意图

当气液混相流入井下涡流工具时，井筒内流体以螺旋流态快速旋转，密度大的液体在离心力的作用下被高速旋至管壁，并沿管壁流动。这种高效的螺旋形态传输将作用很长的距离。对于高含水气井，通过井下涡流工具的流体看起来就像一场龙卷风。大部分的液体以规则有序的方式流动，同时，天然气在龙卷风的"眼"里高速流动。由于气流在液体环绕所形成的孔洞里高速流动，其速度减缓变得最小，不会被液体回落所拖动。

与传统排水采气技术相比，涡流排水采气技术具有以下优点：

（1）携液能力更强：井下涡流工具可以降低油管内的压力降，在气体流度相同时，井下安装涡流工具的气井中的气相可携带更多的液相，甚至在气体流度较低时，井中也可进行排液，使能量利用更加高效；

（2）提高气井采收率：井下涡流工具可减少油管内压力降，降低了能量的损失，使能量更高效地利用，在相同的地层压力下，井下安装涡流工具的井筒能量消耗少，可采出较多的气体；

（3）操作简单、成本低、适用范围广：涡流工具可用于各种井，比如水平井、斜井、浅井、垂直井等，而且安装的操作简单，减少了操作成本；

（4）与常规排水采气工艺联合使用效果好：与泡排联合使用，可以减少表面活性剂的用量；与柱塞举升联合使用时，可降低井底流压。

1.3.3 国内外研究与发展现状

1.3.3.1 国外研究与发展现状

在管内安装螺旋纽带、螺旋导流板等旋流装置可以使流体旋转，气相与液相受离心力作用，形成气液两相旋流流动，气液相分布发生变化，流动规律相应也发生改变。Cazan 等[46]通过注入气泡的方法进行可视化研究，发现气相在压力较低的旋涡中心集中并流动，两相之间存在相界面，出现分层流动。Chang 等[47,48]的实验研究验证了 Cazan 等[46]的结果，同时指出入口为气液两相段塞来流时，液塞中的气体聚集在圆管中心并随液塞一起流动。Gomez 等[49,50]研究了气液旋流分离后指出，气泡集中并形成连续的气核所需的旋流强度较大，当旋流强度较小时，气泡高度分散并不会形成连续的气核。Matsubayashi 等[51]和 Katono 等[52,53]开展了入口为气液两相波状流的旋转叶式起旋器旋流实验研究，发现其压力降比非旋流流动大，但并未涉及其他来流流型的影响。目前研究者对螺旋导流板如何影响气液两相流动的认识还不够清楚。

2003 年起，涡流工具开始作为井下排水采气装置应用于天然气开采中。美国能源部（DOE）主持并参与了井下涡流工具的相关室内及现场实验，研究发现涡流工具能够降低井筒内的流动压力损失，将气体临界携液流速减小 10% 以上。同年，Ali 等[5]首次进行了井下涡流排水采气工具的室内实验，实验平台采用 ϕ50.8mm 的聚氯乙烯管，垂直高度为 38m。研究发现：管中气液两相流的流型发生变化，液体流速增加；油管的流动压损和临界携液气速均减小。随后井下涡流工具在美国和加拿大，包括 BP、Marathon 等多家石油公司的多口气井上完成了现场试验，取得了较好的应用效果[54]。其中 BP 石油公司将一套涡流工具安装于低压煤层气井筒中，产气量较之前多 566m³/d，产水量较安装前多 0.3m³/d。同时，BP 将涡流工具安装于 Fairway 气井井底，使用涡流工具后产气量增加 $3.115 \times 10^4 m^3/d$，井筒内积液液面高度下降，延长了高产自喷时间。Marathon 石油公司在 Anderson 煤矿用涡流工具代替电潜泵后产气量变得稳定，井筒内积液液面从 45.7m 降低至 27.4m。Marathon 石油公司 7 口页岩气井的现场试验也表明，井下涡流排水采气技术可以使气井在低于临界携液产量下自喷，从而节约运营成本。截至目前，涡流排水采气技术已成功应用于北美和澳大利亚的数千口天然气井、煤层气井的生产优化。2008 年起，美国能源部决定在 65 万口低产井上推广涡流排水采气等 6 项新技术，使美国国内石油产量提高 15%，天然气产量提高 8%。

2007 年，Rana[55] 在室内搭建圆管直径 38mm，高 23m 的实验平台，对涡流工具的排水采气机理进行了研究，发现涡流工具能降低压降、持液率和临界携液流速；且与泡排工艺联合时效果最好。建议涡流工具安装于井筒的中部，指出在高压低气量时涡流工具的工作效果更好、更稳定。2009 年，Meher[56] 等数值模拟研究了空气－水管内两相旋流，模拟结果证明其可用于气井排水和气液的分离。

1.3.3.2 国内研究与发展现状

国内对气液两相旋流的研究主要集中于气液旋流分离技术，仅有少数针对气井井下涡流工具。刘雯等[57,58] 通过数值模拟对螺旋导流板结构引发的管内空气－水两相旋流流动特性进行了研究，分析了旋转对流型转变、气液相分布、速度分布及旋流衰减的影响规律。其研究发现，与螺旋纽带相比，螺旋导流板引发的旋流强度更大且衰减减慢。李隽等[59] 通过对井下涡流工具引发的旋流场进行数值模拟，获得了不同雷诺数及持液率下的气液两相螺旋涡流流场结构特性，并对气速对液膜螺旋流的影响规律和螺旋流动强度的变化规律进行了分析。其研究结果表明：涡流工具能够使油管内气液两相紊流转换为类环状流动，井筒中心以连续气柱的形式向上运动，壁面附近的液膜螺旋上升运动，这种流动结构能够降低油管摩阻，提高气体携液能力。

2011 年，中国石油天然气集团公司引进了涡流排水采气技术，并在大庆徐深气田升 1－1 井、汪 3－13 井和长庆苏里格气田苏 36－4－3 井、苏 14－11－38 井和苏 6－16－25 井、青海气田仙中 26 井、蜀南气田 H11 井等多口积液井进行了井下涡流排水采气技术先导性试验[6,60~63]。以大庆徐深气田升 1－1 井为例，表 1－3 给出了其基本生产数据，图 1－7 为大庆气田升 1－1 井身结构图，图 1－8 给出了大庆徐深气田升 1－1 井在 2010 年 9 月到 2010 年 2 月之间的天然气生产数据曲线。由图 1－8 可以看出，在安装涡流工具前，气体产量为 $0.6 \times 10^4 \mathrm{m}^3/\mathrm{d}$，产水量为 $3 \sim 3.5 \mathrm{m}^3/\mathrm{d}$；安装涡流工具后气体产量增加到 $1.13 \times 10^4 \mathrm{m}^3/\mathrm{d}$，产水量为 $5 \sim 6 \mathrm{m}^3/\mathrm{d}$；气井转化为连续带液生产，到 2011 年累计产量增加到 $246.4 \times 10^4 \mathrm{m}^3$，平均增产 $2.8 \times 10^4 \mathrm{m}^3/\mathrm{d}$。

表1-3 大庆气田升1-1井基本数据表

油管外径/mm	油管内径/mm	油压/MPa	套压/MPa	日产气/(10^4m^3/d)	水矿化度/(mg/L)	气相对密度
73	62	7.7	5	0.51	2405.91	0.5650

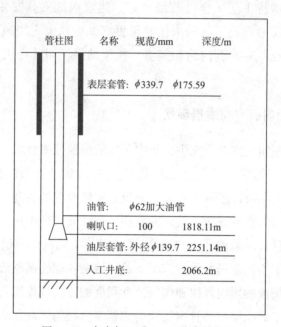

图1-7 大庆气田升1-1井身结构图

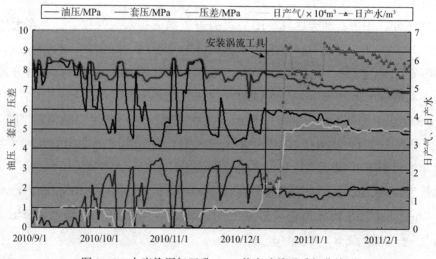

图1-8 大庆徐深气田升1-1井实验前后采气曲线图

长庆苏里格气田苏 36 − 4 − 3 井积液严重，分别在气层附近 [（3348 ± 10）m] 和井筒中部 [（1668 ± 10） m] 投放涡流工具的同时采取泡排措施辅助排液，涡流工具使用 45d 内，平均产气量 0.48 × 10⁴m³/d，短期效果好但难以持续，后期仍需辅助泡排实现连续生产。长庆苏 6 − 16 − 25 井试验前最大套压 6.75MPa，最大油套压差 2.69MPa。产气量降低，间歇性出液和套压波动剧烈等现象表明苏 6 − 16 − 25 井存在积液问题。根据现场生产实际，在 （3200 ± 10） m 和 （1600 ± 10） m 处设计安装涡流工具，产气量增至 0.65 × 10⁴m³/d，可短期实现较好收益，后期稳定连续生产动力不足。长庆苏 14 − 11 − 38 井，分别位于井深 3350m 和 1775m 处安装两级串联涡流工具。与未采用涡流工具的相似井苏 14 − 18 − 30 生产数据比较发现，气井在相同条件时，投放涡流工具能达到更好的排水采气生产效果。南八仙气田仙中 26 井采用井下涡流工具以提高气井携液能力。涡流工具下入井深 1336m 位置，3 ~ 5d 排液一次，生产稳定。西南油气田蜀南气矿 H11 井已水淹停产，试验采用两级涡流工具，分别位于井深 2105m 和 1356m 处，采用气举排水方式成功复活该井。产气量逐渐由 0.361 × 10⁴m³/d 增至 1.45 × 10⁴ m³/d，油套压差和油压较试验前分别降低 21.3% 和增加 20.3%。井筒无积液，实现了稳定连续生产。

上述试验结果均表明：涡流排水采气技术形成的螺旋涡流能够有效降低井底流压、减小油管摩阻损失和改善井底压力状况，并充分依靠气体自身膨胀能量提高流体的携液举升能力，提高气井携液生产能力，从而实现了气田开发的稳产与增产[6]。

1.3.4 存在的主要问题

自 2008 年提出该技术到 2011 年我国引进该技术并进行探索性应用以来，至今该技术并未在业内广泛推广和应用。制约该技术推广应用的主要问题包括以下两个方面。

（1）涡流工具旋流衰减规律不明确。由于对涡流工具旋流衰减规律掌握不明确，难以选择合理的安装高度，安装高度不合理不仅会增加单井的投资成本，甚至起不到排出井底积液和增加产气量的目的。涡流工具应该安装在井底积液的液面上方某一位置处，如果井比较深，需要在井筒中再安装涡流工具，加强旋流或气液分离效果。而涡流工具安装方式与安装位置的确定就需要明确涡流工具后旋流衰减规律，以指导工程实际。

（2）液膜的存在距离难以确定。涡流工具的整流效果使得流动阻力减小，避免了液膜的回流和液滴的回落。在流动过程中，气流对井筒内壁面液膜的卷携夹带作用会使得液膜重新以液滴的形式回到井筒中心的气相中，整流效果越来越弱，需明确旋流后液膜的存在距离，以指导井下涡流工具的安装。

1.4 主要研究内容与创新点

1.4.1 主要研究内容

本书基于气液两相流基本理论，结合理论分析和数值模拟手段研究气井连续携液及井下涡流排水采气理论，揭示气井井下涡流排水采气的动力学机制，明确螺旋导流板气液两相螺旋涡流减阻机理，具体包括：

（1）气井临界携液流速预测模型

基于气流中液滴总表面自由能与气相总湍流动能相等的关系，通过椭球形液滴受力平衡分析，建立考虑液滴直径、液滴变形及变形对液滴表面自由能影响的垂直气井临界携液流速预测模型；基于环状流/环雾流假设，通过液膜反转受力分析，引入液滴夹带判据和液滴夹带率计算公式，建立考虑井筒中心气流对壁面液膜夹带作用的垂直气井临界携液流速预测模型。

（2）涡流排水采气工艺原理分析

深入分析气井井筒中的液滴和液膜反转机理，开展涡流排水采气工艺原理分析，分别基于液滴和液膜反转假设建立了旋流条件下的气井气体临界携液流速预测模型，明确了气井井下涡流排水采气的理论依据。

（3）涡流工具气液两相旋流数值分析

基于数值模拟手段对涡排井筒内螺旋导流板引发的气液两相螺旋涡流流场分布特性（包括流型、气液相分布、速度分布、旋流数、压力分布、阻力特性等）开展深入研究，从微观角度揭示涡排井筒内的气液相界面行为、多尺度二次流特性及其演变规律，明确井筒内流型转变和气液两相螺旋涡流形成的动力学机制，阐释螺旋导流板气液两相螺旋涡流减阻机理，揭示旋流条件下井筒壁面环状液膜的形成及稳定机理，明确气液两相旋流的衰减过程及衰减规律。

（4）涡流工具正交试验与优化设计

对涡流工具结构进行正交数值试验，分析涡流工具螺旋导流板的结构参数（包括导流板厚度、叶片螺距和直径等）对涡排井筒内气液两相流场结构、旋流衰减速度和流动阻力特性的影响规律，并以旋流数和压降作为目标函数，通过数学平衡方法确定涡流工具螺旋导流板最优结构参数组合方案。

（5）涡流工具的有效作用长度分析

基于自由旋流剪切理论和旋流数理论分析井下涡流工具引发气液两相螺旋涡流的衰减变化规律，预测涡排井筒内气液两相螺旋涡流的维持长度；建立环状流壁面液膜存在长度预测模型，准确预测井下涡流工具的有效作用长度。

1.4.2　创新点

（1）针对气井积液问题，基于液滴反转假设建立了考虑液滴变形影响的临界携液流速预测模型，基于液膜反转假设建立了考虑液滴夹带影响的临界携液流速预测模型；建立了旋流条件下的气体临界携液流速预测模型，明确了气井井下涡流排水采气的理论依据。

（2）揭示了涡排井筒内螺旋导流板引发的气液两相螺旋涡流的气液相界面行为和二次流特性及其演变规律，明确了涡流排采井筒内雾状流 – 液膜环状流的流型转变机理，阐释了环状液膜的形成和稳定机制，明确了气液两相旋流的衰减过程及衰减规律，揭示了涡流排水采气的动力学机制。

（3）明确了不同结构参数对气液两相流场结构、旋流数和压降的影响规律，并通过数学平衡方法确定了最优结构参数组合方案。

（4）基于自由旋流剪切理论和旋流数理论分析涡流衰减变化规律，建立了旋流衰减预测模型与壁面环状液膜存在长度预测模型，准确预测了井下涡流工具的有效作用长度。

2 气井临界携液流速预测模型

2.1 液滴模型

在环雾流条件下，积液以管壁液膜和气流中夹带的液滴这两种形式被携带至地面，故目前有两种解释井底积液现象的理论。第一种即液滴理论。该理论认为积液以液滴的形式携至地面，只要气流能将最大直径的液滴携至地面，则井底不积液。目前，已有的气井临界携液流速预测模型有很多。Turner 等[7]第一个提出了气井临界携液流速预测模型，虽然其预测值偏大，但是在国内外得到了广泛应用。此后出现了很多修正模型[8,12,14,21,22,26,29,30]，其中以李闽模型[12]在国内的应用较为普遍。上述模型均是根据质点力平衡理论建立的。本章将基于液滴表面自由能与气流湍流动能的相等关系来确定最大液滴直径，并根据质点力平衡理论，考虑最大单液滴的受力与平衡建立了用于预测垂直气井的临界携液流速预测模型，该模型考虑液滴直径、液滴变形及变形对液滴表面自由能的影响。最后将新建立的模型与常见的基于液滴假设的气井临界携液流速预测模型进行了对比分析。

2.1.1 模型建立

气液两相流中，在一定的气相流速条件下，当液相流速较高时，连续气相将破碎为细小的球形气泡，瞬间在管道内形成泡状流。Chen 等[64]基于湍流力与气液相界面的表面张力的大小关系，解释泡状流的形成机理。可以假定气相湍流动能比全部以临界尺寸存在的球形液滴的总表面自由能大，否则不会产生雾状流。假设液滴未变形之前为球形。

2.1.1.1　液滴变形与最大液滴直径

液滴变形情况如图 2 - 1 所示。

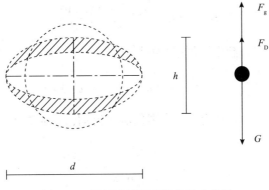

图 2 - 1　液滴变形示意图及受力分析

雾状流流型下，假设液相全部以微小液滴的形式存在，则管道内液滴数目 N_{m} 计算如下：

$$N_{\mathrm{m}} = \frac{6 V_{\mathrm{sl}} A}{\pi d^3} \tag{2-1}$$

为了描述液滴的变形行为，定义液滴变形的无量纲参数 K 如下：

$$K = \frac{d_{\mathrm{E}}}{d_{\mathrm{B}}} \tag{2-2}$$

液滴变形后其表面积增大，表面自由能也相应增加，变形后的单液滴表面积 s 计算如下：

$$s = \frac{4}{3}\pi\left(\frac{K^2 d^2}{4} + \frac{Kdh}{2}\right) \tag{2-3}$$

单液滴变形前后其质量不变，所以满足：

$$h = \frac{d}{K^2} \tag{2-4}$$

将式（2 - 4）代入式（2 - 3）中，则变形后的单液滴表面积也可表示如下：

$$s = \frac{4}{3}\pi\left(\frac{K^2 d^2}{4} + \frac{d^2}{2K}\right) \tag{2-5}$$

则以液滴形式存在的全部液相的总表面积 S 计算如下：

$$S = sN = \left(\frac{2K^3 + 4}{K}\right)\frac{V_{\mathrm{sl}} A}{d} \tag{2-6}$$

Adamson[65]给出了液滴的总表面自由能计算式:

$$E_s = S\sigma \qquad (2-7)$$

因此,变形后的全部液滴的总表面自由能计算如下:

$$E_s = S\sigma = \left(\frac{2K^3 + 4}{K}\right)\frac{V_{sl}A\sigma}{d} \qquad (2-8)$$

White[66]给出了气流紊流动能计算式:

$$e_T = \frac{1}{2}\rho_g(\overline{u'^2} + \overline{v'^2} + \overline{w'^2}) \qquad (2-9)$$

考虑到井筒内流动通常为充分发展的湍流流动,可认为各向的湍流脉动速度相等,因此

$$e_T = \frac{3}{2}\rho_g\overline{u'^2} \qquad (2-10)$$

故井筒内每单位时间所对应的单位体积内气流总紊流动能可由下式计算:

$$E_T = \frac{3}{2}\rho_g\overline{v'_r}^2 AV_{sg} \qquad (2-11)$$

Taitel 和 Dukler[67]指出,径向湍流脉动流速与摩擦速度满足:

$$(\overline{u'^2})^{\frac{1}{2}} = v^* = V_{sg}\left(\frac{f_{sg}}{2}\right)^{\frac{1}{2}} \qquad (2-12)$$

将式 (2-12) 代入式 (2-11) 可得:

$$E_T = \frac{3}{4}\rho_g V_{sg}^3 f_{sg} A \qquad (2-13)$$

根据气流中液滴的总表面自由能与气体紊流动能相等的关系,可推导出气流中最大迎风面直径,即

$$d = \frac{4(2K^3 + 4)\sigma V_{sl}}{3f_{sg}\rho_g V_{sg}^3 K} \qquad (2-14)$$

式 (2-14) 中,当 $K=1$ 时,d 为球形液滴的直径,m;当 $K \neq 1$ 时,d 为椭球液滴迎风面直径,m。

2.1.1.2 临界携液流速

在垂直井筒中,液滴受气体浮力、气流的曳力和重力的作用。对但液滴而言,浮力、重力是不变的,只有曳力随着气流流速的变化而变化,当液滴达到临界携液流速时,曳力足够大,其与浮力之和可平衡掉重力,液滴所受力达到平衡

状态，如图 2-1 所示。满足下式：

$$F_g + F_D = G \tag{2-15}$$

其中浮力：

$$F_g = \rho_g V_B g = \frac{1}{6}\pi d_B^3 \rho_g g \tag{2-16}$$

重力：

$$G = \rho_l V_B g = \frac{1}{6}\pi d_B^3 \rho_l g \tag{2-17}$$

曳力：

$$F_D = C_D S_E \Delta P \tag{2-18}$$

迎风面面积表示如下：

$$S_E = \frac{4}{9}\pi \left[\frac{(2K^3 + 4)\sigma V_{sl}}{f_{sg}\rho_g V_{sg}^3 K} \right]^2 \tag{2-19}$$

液滴迎风面与背风面的压差可根据 Bernoulli 方程求得：

$$\Delta P = \frac{1}{2}\rho_g V_c^2 \tag{2-20}$$

将式（2-19）、式（2-20）代入式（2-18）中，可得：

$$F_D = \frac{8}{9}\pi C_D \rho_g V_c^2 \left[\frac{(K^3 + 2)\sigma V_{sl}}{f_{sg}\rho_g V_{sg}^3 K} \right]^2 \tag{2-21}$$

将式（2-16）、式（2-17）和式（2-21）代入式（2-15）中，整理可得：

$$V_c = \sqrt{\frac{96g\sigma V_{sl} K^2 (\rho_l - \rho_g)}{C_D (K^3 + 2)^2 f_{sg} V_{sg}^3 \rho_g^2}} \tag{2-22}$$

在井筒内的雾状流流动条件下，尺寸足够小的液滴如刚性球体般垂直向上运动，在惯性力作用下液滴发生聚并，并假设形成较大直径的液滴，但是该液滴直径小于等于最大液滴直径。假如稳定存在的最大液滴在气流携带作用下能够达到井口，那么小液滴势必也能在惯性力作用下被携带至井口。单液滴受力平衡时，浮升力对液滴运动形式的作用效果要比惯性力大[68]。

Chen 等[64]指出：

$$\frac{V_c}{V_{sl}} = 12.65 \frac{Y_1}{Eo^{1/2}} \tag{2-23}$$

$$Eo = \frac{(\rho_1 - \rho_g)gD_h^2}{\sigma} \tag{2-24}$$

$$Y_1 = \frac{(\rho_1 - \rho_g)g}{\dfrac{4f_1}{D}\left(\dfrac{D_h V_{sl}}{V_1}\right)^{-n} \dfrac{\rho_1 V_{sl}^2}{2}} \tag{2-25}$$

联立式（2-22）、式（2-23）、式（2-25）化简得到临界携液流速计算公式：

$$V_c = \frac{6.89K}{(K^3 + 2)\sqrt{C_D}}\left[\frac{\sigma(\rho_1 - \rho_g)}{\rho_g^2}\right]^{0.25} \tag{2-26}$$

工程中，常采用单井产气量（m³/d）来判断气井是否积液，则气体临界携液流量表示为：

$$q_c = 2.5 \times 10^8 \frac{APV_c}{ZT} \tag{2-27}$$

从式（2-27）可以看出，临界携液流速公式前的系数不再是常数，而是与变形参数 K 和曳力系数 C_D 有关。

2.1.1.3 曳力系数与临界韦伯数

准确计算气流携带液滴的曳力是保证气井气体临界携液流速模型预测精度的基础。一般认为曳力系数与液滴形状和雷诺数有关。已有的曳力系数计算模型较多，包括 Clift & Gauvin 模型[69]、Flemmer & Banks 模型[70]、Khan & Richardson 模型[71]、Haider & Levenspiel 模型[72]、GP 模型[73]、Brauer 模型[74,75]、邵明望模型[76]等。Brown 和 Lawler[77]对前四种模型进行了验证。文献［28，78］认为 Brauer 模型[74,75]与实验值符合最好。

Clift & Gauvin 模型[69]：

$$C_D = \frac{24}{Re}(1 + 0.152Re^{0.677}) + \frac{0.417}{1 + 5070Re^{-0.94}} \quad Re < 2 \times 10^5 \tag{2-28}$$

Flemmer & Banks 模型[70]：

$$C_D = \frac{24}{Re}10^{0.383Re^{0.356} - 0.207Re^{0.396} - \frac{0.143}{1+(\log Re)^2}} \quad Re < 2 \times 10^5 \tag{2-29}$$

Khan & Richardson 模型[71]：

$$C_D = (2.49Re^{-0.328} + 0.34Re^{0.067})^{3.18} \quad Re < 2 \times 10^5 \tag{2-30}$$

Haider & Levenspiel 模型[72]：

$$C_D = \frac{24}{Re}(1 + 0.150\, Re^{0.681}) + \frac{0.407}{1 + 8710\, Re^{-1}} \qquad Re < 2 \times 10^5$$

$$(2-31)$$

GP 模型[73]：

当 $Re < 2 \times 10^5$ 时：

$$C_D = 5.4856 \times 10^9 \tanh\left(\frac{4.3774 \times 10^{-9}}{Re}\right) + 0.0709\tanh\left(\frac{700.6574}{Re}\right) +$$

$$0.3894\tanh\left(\frac{74.1539}{Re}\right) - 0.1198\tanh\left(\frac{7429.0834}{Re}\right) +$$

$$1.7174\tanh\left(\frac{9.9851}{Re + 2.3348}\right) + 0.4744 \qquad (2-32)$$

当 $2 \times 10^5 \leqslant Re < 1 \times 10^6$ 时：

$$C_D = 8 \times 10^{-6}\left[(Re/6530)^2 + \tanh(Re) - 8\ln(Re)/\ln(10)\right]$$

$$- 0.4119e^{-2.08 \times 10^{43}/[Re + Re^2]^4} - 2.1344e^{-\{[\ln(Re^2 + 10.7563)/\ln(10)]^2 + 9.9867\}/Re} +$$

$$0.1357e^{-[(Re/1620)^2 + 10370]/Re} - 8.5 \times 10^{-3}\{2\ln[\tanh(\tanh(Re))]/\ln(10)$$

$$- 2825.7162\}/Re + 2.4795 \qquad (2-33)$$

Brauer 模型[75]：

$$C_D = \frac{24}{Re} + 0.4 + \frac{4}{\sqrt{Re}} \qquad Re < 3 \times 10^5 \qquad (2-34)$$

邵明望模型[76]：

$$C_D = \frac{24}{Re} + 3.409 \times Re^{-0.3083} + \frac{3.68 \times 10^{-5} \times Re}{1 + 4.5 \times 10^5 \times Re^{1.054}} \qquad (2-35)$$

上述模型计算的曳力系数 C_D 的值随 Re 的变化曲线如图 2-2 所示。对比发现：经 Brown 和 Lawler 验证过的四种模型计算的 C_D 值整体上较为接近。Brauer 模型、GP 模型、邵明望模型在 $Re < 100$ 时，上述关联式有相近的结果。分别按照上述四种携液系数的拟合计算关联式进行验算，将结果与气井实际生产数据对比后发现在气井井筒中的高雷诺数紊流流动中，Brauer 模型计算结果最为准确。

上述模型关联式均是基于球形颗粒得到的，由于液滴变形及内部流动的影响[79]需对曳力系数值进行修正。文献 [25] 指出椭球体的曳力系数介于 1 ~ 3.632 倍球体的曳力系数，即液滴变形导致曳力系数增大，而液滴的内部流动使得液滴的曳力系数较相同尺寸的刚性球体颗粒的小。

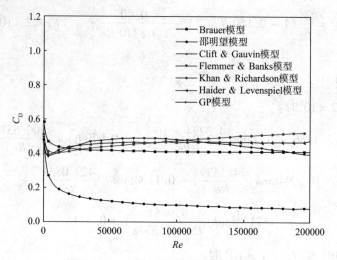

图 2-2　不同曳力系数模型计算值比较

王志彬和李颖川[23]取球形颗粒在高雷诺数下曳力系数 C_D 的值（0.424）的 85% 作为刚性椭球的曳力系数，即：

$$C_D = 0.36[1 + 2.632(K - 1)]　　　　　　(2-36)$$

采用 Brauer 模型计算曳力系数，并将该计算结果增加 20% 后作为变形椭球体的曳力系数，即：

$$C_D = \frac{28.8}{Re} + 0.48 + \frac{4.8}{\sqrt{Re}}　　　　　　(2-37)$$

2.1.1.4　液滴变形参数

变形参数 K 通过与临界韦伯数的函数关系可以求得。临界韦伯数采用式（2-38）计算，该式综合考虑了气相流速与液相流速对临界韦伯数的影响[24]。

$$We_c = \frac{5.14\rho_g V_c^2 \lambda}{\sigma}\left(\frac{15.4}{We_1^{0.58}} + \frac{3.5G_{le}}{\rho_l V_c}\right)　　　　(2-38)$$

其中：$\lambda = \sqrt{\dfrac{\sigma}{\rho_l g}}$，$We_1 = \dfrac{\rho_l V_c^2 \lambda}{\sigma}$。

王志彬和李颖川[23]提出的临界韦伯数与变形参数的函数关系式如下：

$$We_c = 25\left(K^2 + \frac{1}{K^4} - 2\right)\Big/\left(7.951 - \frac{2.744}{K^2} + \frac{0.3077}{K} - 5.117K + 0.501K^2\right)$$

$$(2-39)$$

熊钰等[32]提出的临界韦伯数与变形参数的函数关系式如下：

$$We_c = 32\left(K^2 + \frac{1}{K^4} - 2\right)\Big/\left[\int_{\frac{\pi}{3}}^{\pi}\frac{11}{4}td\theta - \int_0^{\frac{\pi}{3}}(9\cos^2\theta - 5)td\theta\right] \quad (2-40)$$

其中：$t = \left(1 - \sqrt{\frac{\cos^2\theta}{K^4} + K^2\sin^2\theta}\right)\sin^2\theta$。

由于椭球表面积采用积分很难求解，椭球表面积采用下式计算：

$$A_E = \frac{4\pi}{3}\left(\frac{d^2}{4} + \frac{2dh}{4}\right) = \frac{\pi(2 + K^3)}{3K}d_B^2 \quad (2-41)$$

王志彬和李颖川[23]与熊钰等[32]均通过下式计算椭球体的表面积：

$$A_E = 2\pi\left[\left(\frac{d}{2}\right)^2 + \left(\frac{h}{2}\right)^2\right] = \frac{\pi}{2}\left(K^2 + \frac{1}{K^4}\right)d_B^2 \quad (2-42)$$

依据能量守恒原理，忽略液滴之间的传热与传质，忽略液滴变形导致的重心偏移做功量，则液滴变形所做功与表面自由能的变化量相等。

液滴变形对外所做功采用式[23]（2-43）计算：

$$\Delta W = \frac{1}{2}\rho_g V^2\left(\frac{d_B}{2}\right)^3\left(7.951 - \frac{2.744}{K^2} + \frac{0.3077}{K} - 5.117K + 0.501K^2\right) \quad (2-43)$$

液滴内能的变化表示如下：

$$\Delta E = \sigma(A_E - A_B) \quad (2-44)$$

据此得到新的 We_c 和 K 之间的函数关系式：

$$We_c = 16\pi\left(\frac{2 + K^3}{3K} - 1\right)\Big/\left(7.951 - \frac{2.744}{K^2} + \frac{0.3077}{K} - 5.117K + 0.501K^2\right)$$
$$(2-45)$$

王志彬和熊钰通过对参数 K 的理论研究和实验研究，得出较为一致的结果。气井井筒中，椭球状液滴的短轴与长轴比约为 0.9[80]，则变形参数 K 值约为 1.1。在 K 取 1.05 ~ 1.4 的变化范围内比较了椭球表面积计算式（2-41）和式（2-42）的计算的误差（图 2-3）。采用文献[81]中的椭球表面积计算公式确定椭球实际表面积，表达式如下：

$$A_E = \frac{\pi d_B^2}{2K^2}\left(K^2 + \frac{1}{2\sqrt{K^4 - 1}}\ln\frac{K^2 + \sqrt{K^4 - 1}}{K^2 - \sqrt{K^4 - 1}}\right) \quad (2-46)$$

图 2-3 中，式（2-42）计算值的平均相对误差为 0.075，采用的椭球表面积计算式的平均相对误差为 0.026。由此可见，采用的椭球表面积计算式精度较高，同时也避免了熊钰计算式中积分求解的难题以及王志彬计算式中的变形参数

高次项的解析计算难题。图2-4对提出的液滴变形参数模型和王志彬和李颖川[23]提出的模型进行了比较，两者整体符合程度较好，在$We_c=1$时，两者相对误差为-11.7%。由于王志彬公式（2-39）和公式（2-45）的变形参数K都是根据临界韦伯数We_c求得的，所以K值是气流中最大液滴破碎时的变形参数，而尺寸略小的液滴只发生变形而不会破碎，且变形程度不如大液滴，故而都需要将理论计算得到的K值下调予以修正。参考王志彬模型，同样将K值下调10%予以修正。

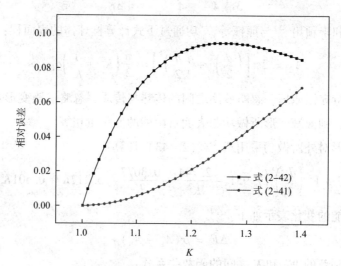

图2-3　液滴变形参数K与椭球表面积计算式计算精度比较

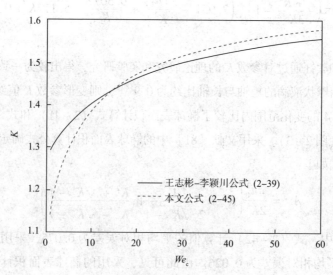

图2-4　液滴变形参数K与临界韦伯数We_c的关系

2.1.1.5　气液界面表面张力的计算

气液界面的表面张力随着压力和温度变化。在模型验证过程中，为获得较为准确的表面张力数据，采用表面张力计算公式[82]如下：

$$\sigma(t) = \frac{1.8(137.78 - t)}{206}\{[76\exp(-0.0362575P)] -$$

$$(52.5 - 0.87018P)\} + (52.5 - 0.87018P) \tag{2-47}$$

2.1.2　模型的对比与验证

对常见的携液模型进行了对比分析。如表 2 – 1 所示，Turner 模型[7]、李闽模型[12]和王毅忠模型[15]都将液滴视为刚性体，并给定携液系数的值，最终的模型表达式系数参数为定值；王志彬模型[23]、熊钰模型[32]和所建立的新模型都视液滴可发生连续变形，且携液系数采用气井实际井况参数计算获得，因此模型的系数参数不再是常数。

表 2 – 1　气井临界携液模型对比

模型	液滴形状	携液系数	系数参数	模型表达式
Turner 模型	球形	0.44	6.6	$V_g = 6.6 \times \left[\dfrac{\sigma(\rho_1 - \rho_g)}{\rho_g^2}\right]^{0.25}$
李闽模型	椭球形	1.0	2.5	$V_g = 2.5 \times \left[\dfrac{\sigma(\rho_1 - \rho_g)}{\rho_g^2}\right]^{0.25}$
王毅忠模型	球帽形	1.17	2.25	$V_g = 2.25 \times \left[\dfrac{\sigma(\rho_1 - \rho_g)}{\rho_g^2}\right]^{0.25}$
王志彬模型	椭球形	与实际生产数据有关	与 We_c、K、C_D 有关	$V_g = \left[\dfrac{4gWe_c}{3C_DK^2}\right]^{0.25} \times \left[\dfrac{\sigma(\rho_1 - \rho_g)}{\rho_g^2}\right]^{0.25}$
熊钰模型	椭球形	与实际生产数据有关	与 We_c、K、C_D 有关	$V_g = \left[\dfrac{4gWe_c}{3C_DK^2}\right]^{0.25} \times \left[\dfrac{\sigma(\rho_1 - \rho_g)}{\rho_g^2}\right]^{0.25}$
所建立模型	椭球形	与实际生产数据有关	与 K、C_D 有关	$V_g = \dfrac{6.89K}{(K^3 + 2)\sqrt{C_D}} \times \left[\dfrac{\sigma(\rho_1 - \rho_g)}{\rho_g^2}\right]^{0.25}$

分别采用上述模型对气田井场 44 口气井是否积液进行了预测，预测结果见表 2 – 2 和图 2 – 5。采用的基础数据如下：油管内径 62mm，天然气相对密度的平均值 $\gamma_g = 0.6$，矿化水密度 $\rho_1 = 1074 \text{ kg/m}^3$，气水界面张力按式（2 – 39）计

算。表 2-2 中第 1~15 口气井生产数据来自文献 [12], 井筒的平均温度 $T =$ 322 K, 平均压缩因子 $Z = 0.845$。第 16~44 口井生产数据来自文献 [18], 井筒的平均温度 $T = 310$ K, 平均压缩因子 $Z = 0.8$。气井条件下的实际天然气密度均采用文献 [63] 给出的公式计算：

$$\rho_g = 3484.4 \frac{\gamma_g P}{ZT} \qquad (2-48)$$

表 2-2 模型计算结果

井号	井口压力/MPa	日产量/(m³/d)		临界流量计算结果/(m³/d)						气井状态
		产气量	产水量	Turner模型	李闽模型	王毅忠模型	熊钰模型	王志彬模型	新模型	
1	12.5	29178	0.25	64548	24450	22005	71913	38303	25319	未积液
2	8.8	23621	0.2	54549	20663	18596	49358	31900	22176	未积液
3	10.8	29953	0.80	60198	22802	20522	70008	35585	24081	未积液
4	15.4	34394	0.35	71232	26982	24284	88939	42420	27182	未积液
5	12.01	33914	0.38	63331	23989	21590	79317	37548	25067	未积液
6	4.5	14809	0.65	39325	14896	13406	25964	21967	16713	接近积液
7	21.8	45066	1.25	83635	31680	28512	115625	49535	30072	未积液
8	16.5	47780	0.80	71664	27146	24431	99271	43851	28031	未积液
9	13.2	24580	1.35	66239	25090	22581	61301	39444	25626	接近积液
10	15.6	46885	0.70	71664	27146	24431	95457	42710	27550	未积液
11	23.1	45670	1.20	85854	32520	29268	118229	50677	30459	未积液
12	12.4	26035	0.40	64302	24357	21921	62227	38160	25168	接近积液
13	10.2	21815	1.40	58570	22186	19967	47567	34579	23363	接近积液
14	19.7	50000	2.30	79858	30249	27224	111587	47600	29447	未积液
15	17.8	40140	1.25	76208	28867	25980	102059	48100	29717	未积液
16	7.20	6072	0.0202	51810	19625	17662	37325	30427	21643	积液
17	7.66	23293	0.0776	53388	20223	18200	50836	31477	22085	接近积液
18	7.74	18838	0.0628	53657	20325	18292	40271	31654	22040	积液
19	7.38	13618	0.0454	52434	19861	17875	37801	30842	21485	积液
20	7.62	13993	0.0466	53253	20172	18154	38580	31385	21756	积液

续表

井号	井口压力/MPa	日产量/(m³/d)		临界流量计算结果/(m³/d)						气井状态
		产气量	产水量	Turner模型	李闽模型	王毅忠模型	熊钰模型	王志彬模型	新模型	
21	7.67	34296	0.1143	53422	20235	18212	64895	31501	22351	未积液
22	7.84	416	0.0014	53991	20451	18406	41588	31872	24417	积液
23	8.10	11257	0.0375	54849	20776	18699	40134	32441	22190	积液
24	7.95	14203	0.0473	54356	20589	18531	39631	32116	22115	积液
25	7.60	30413	0.1014	53185	20146	18131	63433	31344	22179	未积液
26	8.07	18302	0.0610	54751	20739	18665	40692	32378	22378	积液
27	7.08	9551	0.0318	51389	19466	17519	36852	30148	21008	积液
28	7.86	26711	0.0890	54058	20477	18429	59909	31921	22381	接近积液
29	7.37	16038	0.0535	52399	19848	17863	37692	30820	21535	积液
30	7.64	23513	0.0784	53320	20197	18177	51408	31432	22066	接近积液
31	7.59	25115	0.0837	53151	20133	18120	55511	31320	22052	接近积液
32	8.08	652	0.0022	54784	20751	18676	41981	32396	24254	积液
33	7.54	1585	0.0053	52981	20069	18062	39155	31203	22319	积液
34	7.54	13345	0.0445	52981	20069	18062	38327	31205	21643	积液
35	7.56	2868	0.0096	53049	20094	18085	38798	31249	21752	积液
36	7.47	17875	0.0596	52743	19978	17980	38522	31048	21716	积液
37	9.82	53425	0.1781	60174	22793	20514	69979	35948	24866	未积液
38	9.63	52807	0.1760	59613	22581	20323	69305	35582	24686	未积液
39	9.80	18197	0.0607	60115	22771	20494	45335	35902	24057	积液
40	9.91	39869	0.1329	60437	22893	20604	75915	36117	24713	未积液
41	9.84	25052	0.0835	60233	22815	20534	60684	35980	24289	接近积液
42	8.64	19161	0.0639	56584	21433	19290	43042	33587	22997	积液
43	8.52	9966	0.0332	56204	21289	19160	41475	33335	22579	积液
44	8.17	4045	0.0135	55078	20863	18777	40620	32591	22241	积液

注：表2-2中，深色底表示预测准确，浅色底表示预测错误。

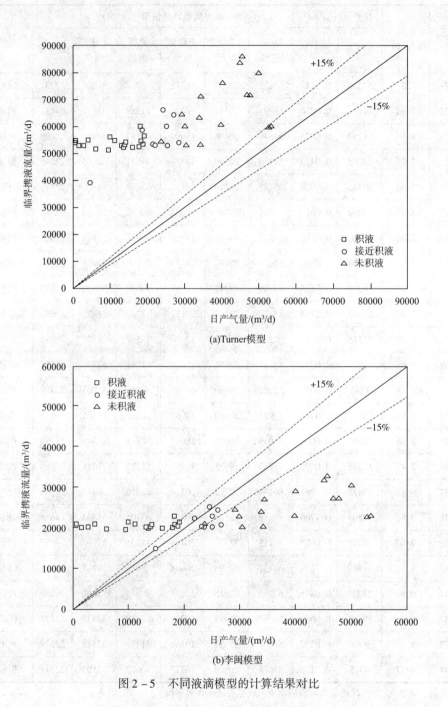

(a)Turner模型

(b)李闽模型

图 2 – 5 不同液滴模型的计算结果对比

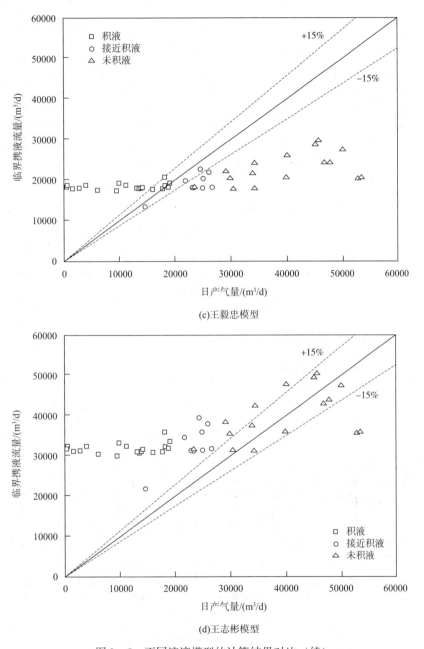

(c)王毅忠模型

(d)王志彬模型

图 2－5 不同液滴模型的计算结果对比（续）

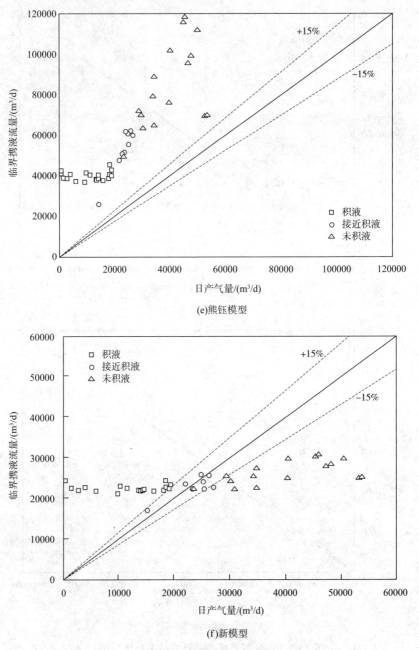

(e)熊钰模型

(f)新模型

图 2 – 5　不同液滴模型的计算结果对比（续）

从表 2 - 2 和图 2 - 5 的计算结果可以看出，Turner 模型[7]预测值偏大，李闽模型[12]、王毅忠模型[15]和王志彬模型[23]的预测结果与某些气井的实际情况不符合。熊钰模型[32]采用 GP 模型求解高雷诺数气井流动状态下的携液系数值过小，也导致其预测值偏大。

结合现场 44 口气井实际生产情况，将所建立的新模型与现有临界携液流速模型进行了验证，对接近积液的气井，预测值与实际产气量的偏差处于 ±15% 内即认为模型预测结果与气井实际情况符合，否则认为预测结果偏大或偏小。从表 2 - 2 的计算结果可以看出，Turner 模型得到的临界携液流量明显偏大。熊钰模型由于采用了 GP 模型，高雷诺数气井流动状态下求解的曳力系数值过小，导致其预测值也偏大。两者对 9 口接近积液的气井，其预测值远大于实际产气量，且均对 16 口未积液气井全部产生误判。王志彬模型的临界携液流量预测值小于 Turner 模型和熊钰模型，但对 9 口接近积液气井的预测结果同样偏大，且对 9 口未积液气井产生误判。王毅忠模型的预测结果略有偏小，对 1 口积液气井产生误判，对 6 口接近积液气井的预测偏差超出 ±15% 范围。所建立的新模型和李闽模型的预测结果比较接近，两者对积液和未积液气井全部判断正确。对接近积液的 9 口气井，新模型的计算结果与气井实际情况符合更好，仅有 1 口气井预测偏差超出 ±15% 范围，平均偏差仅为 7.8%，小于李闽模型 10% 的平均偏差。

2.2 液膜模型

前已述及，气井积液会严重影响气井的正常生产[38]。而用于预测气井是否积液的第二种理论——液膜理论认为液膜逆流是造成井底积液的原因，若气流可将管壁液膜携至地面，则井底不积液，本章建立气井临界携液的液膜模型。

在石油工业中，井筒和平台立管内的油气两相流动也常为环状流。理想状态下的环状流为做了以下的假设：（1）液体全部以液膜的形式分布于管壁，且沿着管壁流动；（2）立管中心部分为气流。这种假设下的理想状态环状流方便了理论研究，但是在真实管路条件下，由于立管中心气流对壁面液膜的卷携与夹带作用，使得气流中夹带有少量的液滴。本章在液膜和气液两相受力分析的基础上，建立了垂直管内的气液两相和气芯的力平衡方程；提出了基于临界气相流速和临界液膜流量的液滴夹带判据；液滴夹带率计算模型考虑了气液相界面处液膜雾化过程与液滴沉积过程动平衡态的影响，同时也考虑了气相中夹带的液滴对持液率的影响，并最终建立了预测垂直气井连续携液液膜新模型。该模型引入液滴夹带率的观点，要先对气井是否产生夹带作出判断，对产生夹带的气井，再根据气井井筒中夹带率的大小选择适合的临界携液模型来预测气井临界携液流量的大小，进而判断气井是否积液。结合现场气井实际生产情况，将新模型与现有连续携液液膜模型进行了验证与对比。

2.2.1　模型建立

井筒内的流动过程非常复杂，沿井筒向上流型还在变化，而环雾流是井筒内最为常见的一种流型[38,83,84]。垂直管道气液两相流动过程中，定义能够产生液滴夹带的最小液相质量流量称为临界液相流量[85]；当液相流量大于临界液相流量时（满足了可产生液滴夹带的液相流量的要求），气相流量大于某一值时，液相被气流夹带产生液滴，并部分分布于气相中，这一产生液滴夹带的最小气相表观流速称为临界气相流速。在不满足夹带条件的情况下，液相主要以液膜的形式沿管内壁运动，表现为环状流流型；随着气相表观流速继续增加，气相中夹带的液滴数目越来越多，管壁液膜越来越薄，液相同时以液膜和液滴两种形式存在时，表现为环雾流流型。

2.2.1.1　气液两相动量方程

垂直井筒中，气井积液可视为气相向上流动，液相向下流动的过程，当气相流速越快，管壁液膜下降的速度越小，直至气相流速增加至某一值时，液膜不再逆流[86]。在临界携液情况下的液膜向下运动速度为零。其流动结构如图 2 - 6 所示。

将该流动过程简化为沿竖直方向的一维流动问题，由于加速压降相比摩擦压降和重位压降很小，可以忽略。不夹带情况下对气液两相和管中心的气相分别建立力平衡方程：

$$- \frac{\mathrm{d}P}{\mathrm{d}Z} \cdot A_\mathrm{p} + \tau_\mathrm{w} \pi D = \left[\rho_\mathrm{l} H_\mathrm{L} + \rho_\mathrm{g} (1 - H_\mathrm{L}) \right] g A_\mathrm{p} \qquad (2 - 49)$$

$$- \frac{\mathrm{d}P}{\mathrm{d}Z} \cdot A_\mathrm{p} (1 - H_\mathrm{L}) - \tau_\mathrm{i} \pi D \sqrt{1 - H_\mathrm{L}} = \rho_\mathrm{g} g A_\mathrm{p} (1 - H_\mathrm{L}) \qquad (2 - 50)$$

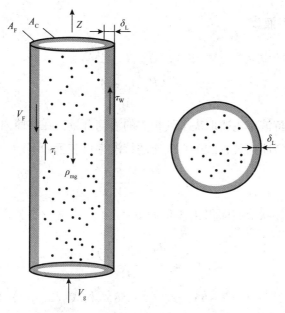

图 2 - 6　垂直井筒内环雾流与力平衡

油管截面面积 A_P 表示如下：

$$A_P = \frac{\pi D^2}{4} \tag{2-51}$$

最终得到不夹带情况下的力平衡表达式：

$$\frac{4\tau_w}{D} + \frac{4\tau_i}{D\sqrt{1-H_L}} = (\rho_1 - \rho_g)gH_L \tag{2-52}$$

夹带情况下对气液两相和管中心的气相分别建立力平衡方程：

$$-\frac{\mathrm{d}P}{\mathrm{d}Z} \cdot A_p + \tau_w \pi D = \left[\rho_1 H_L + \rho_g(1 - H_L)\right]gA_p \tag{2-53}$$

$$-\frac{\mathrm{d}P}{\mathrm{d}Z} \cdot A_p(1 - H_{LF}) - \tau_i \pi D\sqrt{1 - H_{LF}} = \rho_g gA_p(1 - H_{LF}) + \rho_1 gA_c H_{LC} \tag{2-54}$$

根据几何关系，中心气流流道的截面面积 A_c 表示如下：

$$A_c = \left(1 - \frac{2\delta_L}{D}\right)^2 A_P \tag{2-55}$$

最终得到夹带情况下的力平衡表达式：

$$\left[\rho_1 H_L + \rho_g(1 - H_L)\right]gD - 4\tau_W - \frac{4\tau_i}{\sqrt{1 - H_{LF}}} = \left[\rho_1 H_{LC} + \rho_g \frac{1 - H_L}{1 - H_{LF}}\right]gD \tag{2-56}$$

2.2.1.2 持液率

根据持液率的定义[87]，有下式成立：

$$H_L = \frac{H_{LC}A_C + A_F}{A_P} \qquad (2-57)$$

中心气流的持液率主要取决于气相中的液滴含量，在井筒内气相流速较高的情况下可以忽略滑脱损失，故中心气流的持液率可表示如下：

$$H_{LC} = \frac{V_{sl}F_E}{V_c + V_{sl}F_E} \qquad (2-58)$$

管内壁周围环状液膜面积 A_F 表示如下：

$$A_F = \frac{4\delta_L\left(1 - \dfrac{\delta_L}{D}\right)A_P}{D} \qquad (2-59)$$

将式（2-51）、式（2-55）式（2-58）和式（2-59）代入式（2-57）得到持液率的表达式如下：

$$H_L = \frac{V_{sl}F_E}{V_c + V_{sl}F_E}\left(1 - \frac{2\delta_L}{D}\right)^2 + \frac{4\delta_L}{D}\left(1 - \frac{\delta_L}{D}\right) \qquad (2-60)$$

2.2.1.3 液滴夹带率

由液滴夹带率的定义[88]，环雾流流动过程中，伴随着液膜在气流作用下被剪切、破碎后分散在气象中的过程，称之为雾化过程；又包含气相中的液滴重新回到液膜中的沉积过程[89]。这两个过程之间进行的相对强弱直接影响了液滴夹带率的大小。Pan 和 Hanratty[90] 以及 Henstock 和 Hanratty[91] 分别给出了产生夹带的临界（最小）液膜质量流量 $Q_{1,crit}$ 和临界（最小）气相表观流速 $V_{sg,c}$。

$$Q_{1,crit} = 0.25\mu_1\pi DN \qquad (2-61)$$

$$N = 7.3(\log w_p)^3 + 44.2(\log w_p)^2 - 263\log w_p + 439 \qquad (2-62)$$

$$w_p = (\mu_1/\mu_g)\sqrt{\rho_g/\rho_1} \qquad (2-63)$$

$$V_{sg,c} = 40\sqrt{\sigma/(D\sqrt{\rho_1\rho_g})} \qquad (2-64)$$

考虑雾化与沉积过程的动态平衡，采用适用于气井低液相雷诺数条件下的液滴夹带率计算式[89]：

$$F_E = \frac{\left[1 - e^{-\left(\frac{Re_{SL}}{1400}\right)^{0.6}}\right]\left[V_c(\rho_g\rho_1)^{0.25}D^{0.5} - 40\sigma^{0.5}\right]^2}{16666.67\sigma + \left[V_c(\rho_g\rho_1)^{0.25}D^{0.5} - 40\sigma^{0.5}\right]^2} \qquad (2-65)$$

其中：

$$Re_{SL} = \frac{\rho_l V_{sl} D}{\mu_l} \qquad (2-66)$$

2.2.1.4 液膜厚度

文献［91］给出了垂直向上环雾流无因次液膜厚度计算方法，该式适用于液相雷诺数 20～15100、油管内径 12.8～63.5mm 范围：

$$\frac{\delta_L}{D} = \frac{6.59F}{(1+1400F)^{0.5}} \qquad (2-67)$$

其中：

$$F = \frac{\gamma(Re_{LF})}{Re_g^{0.9}} \frac{\mu_l}{\mu_g} \left(\frac{\rho_g}{\rho_l}\right)^{0.5} \qquad (2-68)$$

$$\gamma(Re_{LF}) = [(0.707Re_{LF}^{0.5})^{2.5} + (0.0379Re_{LF}^{0.9})^{2.5}]^{0.4} \qquad (2-69)$$

$$Re_g = \frac{\rho_g V_c D}{\mu_g} \qquad (2-70)$$

液膜雷诺数 Re_{LF} 采用式（2-71）计算[89]：

$$Re_{LF} = \frac{\rho_l V_{sl}(1-F_E)D}{\mu_l} \qquad (2-71)$$

2.2.1.5 剪切应力与剪切因子

环雾流中摩擦损失来源于两部分，一是液膜与井筒内壁面之间的摩擦阻力；二是中心气流与液膜相界面之间的摩擦阻力。壁面剪切应力与相界面剪切应力分别采用式（2-72）和式（2-73）计算[84]：

$$\tau_w = \frac{1}{2}C_w\rho_l \frac{V_{sl}^2}{H_L^2} \qquad (2-72)$$

$$\tau_i = \frac{1}{2}C_i\rho_g (V_g + V_i)^2 \qquad (2-73)$$

临界时，液膜向下运动的速度为零，引入持液率表示气相的真实速度，气液界面剪切应力表达为：

$$\tau_i = \frac{1}{2}C_i\rho_g \frac{V_c}{1-H_L} \qquad (2-74)$$

式（2-72）～式（2-74）中，剪切应力的计算必须要确定壁面剪切因子 C_w 和界面剪切因子 C_i。在模型求解过程中取 $C_w = 0.008$[86]，同时，相界面剪切因子采用式（2-75）计算[84]：

$$C_i = C_w \left(1 + 300 \frac{\delta_L}{D}\right) \tag{2-75}$$

综上所述，剪切应力采用式（2-76）~式（2-77）计算：

$$\tau_w = 0.004\rho_l \frac{V_{sl}^2}{H_L^2} \tag{2-76}$$

$$\tau_i = 0.004\left(1 + 300 \frac{\delta_L}{D}\right)\rho_g \frac{V_c}{1 - H_L} \tag{2-77}$$

2.2.1.6 相关流体物性的确定

在模型求解过程中，需要已知地层矿化水和井筒内天然气的动力黏度。地层矿化水的动力黏度采用式（2-78）计算[81,87]：

$$\mu_w = 10^{-3}\exp[1.003 - (1.479 \times 10^{-2}\theta_T) + (1.982 \times 10^{-5}\theta_T^2)] \tag{2-78}$$

其中：

$$\theta_T = 1.8(T - 273) + 32 \tag{2-79}$$

井筒内天然气的动力黏度采用式（2-80）计算[92]：

$$\mu_g = \frac{(9.4 + 0.02M)(1.8T)^{1.5}}{209 + 19M + 1.8T}\exp\left[\left(3.5 + \frac{986}{1.8T} + 0.01M\right)\rho_g^Y\right] \tag{2-80}$$

其中：

$$Y = 2.4 - 0.2\left(3.5 + \frac{986}{1.8T} + 0.01M\right) \tag{2-81}$$

气液界面的表面张力和天然气密度随着压力和温度变化，表面张力采用式（2-47）计算，天然气密度采用式（2-48）计算。

2.2.2 模型的对比与验证

将常见的临界携液液膜模型与所建立的新模型进行了对比分析（见表2-3）。Turner[7]临界携液液膜模型是最早提出来的；Pushkina 模型[33]引入无量纲 Ku 数（Kutateladze numberr），并取 Ku 为定值；Wallis 模型[35]适用于管径 12.7~50.8mm 范围，模型前系数取值范围介于 0.7~1，随管径增大取值增大；吴丹模型[45]取 Ku 数为 2.88；陈德春模型[43]应用于垂直井中，其公式前系数参数取值范围为 0.769~0.829。

表2-3 气井临界携液液膜模型对比

模型	是否考虑液滴夹带	模型表达式
Turner 模型	否	$$V^+ = \int_0^{y^+} \frac{2\left(1 + y\frac{\sigma^3}{\eta}\right)}{1 + \sqrt{1 + 4k^2 y^{+2}\left(1 - e^{\frac{-\phi y^+}{y^+ m}}\right)^2\left(1 + y^+\frac{\sigma^3}{\eta}\right)}}\mathrm{d}y^+$$ $$W_L = \pi d\mu_L \int_0^\eta V^+ \,\mathrm{d}y^+$$
Pushkina 模型	否	$V_c = Ku\left[\dfrac{g\sigma(\rho_1 - \rho_g)}{\rho_g^2}\right]^{0.25}$ ($Ku = 3.2$)
Wallis 模型	否	$V_c = (0.7 \sim 1) \times \left[\dfrac{gD(\rho_1 - \rho_g)}{\rho_g^2}\right]^{0.25}$
吴丹模型	否	$V_c = Ku \times \left[\dfrac{g\sigma(\rho_1 - \rho_g)}{\rho_g^2}\right]^{0.25}$ ($Ku = 3.2$)
陈德春模型	否	$V_c = \dfrac{Ku}{3.73} \times \left\{6.6\left[\dfrac{\sigma(\rho_1 - \rho_g)}{\rho_g^2}\right]^{0.25}\right\}$, $0.769 < \dfrac{Ku}{3.73} < 0.829$
新模型	是	式（2-50）、式（2-56）、式（2-60）、式（2-65）、式（2-66）、式（2-67）、式（2-68）、式（2-69）、式（2-70）、式（2-71）、式（2-76）、式（2-77）

分别采用上述模型对文献［7］、文献［18］中的试验数据进行对比验证，结果见表2-4和图2-7。表2-4中第1～20口气井生产数据来自文献［18］，第21～32口气井生产数据来自文献［7］。采用的基础数据如下：1～20号、31～32号油管内径62mm、21号井油管内径100.53mm，22～30号油管内径50.67mm。天然气相对密度的平均值$\gamma_g = 0.6$，矿化水密度$\rho_1 = 1074$ kg/m³。第1～20口气井井筒的平均温度$T = 310$ K，平均压缩因子$Z = 0.8$。第21～32口气井井筒的平均温度$T = 322$ K，平均压缩因子$Z = 0.85$。

表2-4 模型计算结果

井号	井口压力/MPa	产气量/(m³/d)	产水量/(m³/d)	气井状态	Turner 模型	Pushkina 模型	Wallis 模型	吴丹模型	陈德春模型	新模型	
										预测值	是否夹带
1	7.2	6072	0.0202	积液	48705	43879	14003	39491	40408	33004	否
2	7.74	18838	0.0628	积液	49583	45243	14503	40718	41664	38903	否
3	7.38	13618	0.0454	积液	48988	44407	14172	39967	40895	36714	否

续表

井号	井口压力/MPa	产气量/(m³/d)	产水量/(m³/d)	气井状态	Turner模型	Pushkina模型	Wallis模型	吴丹模型	陈德春模型	新模型 预测值	新模型 是否夹带
4	7.62	13993	0.0466	积液	49130	44902	14393	40412	41350	37392	否
5	7.84	416	0.0014	积液	49271	45524	14593	40972	41924	23811	否
6	8.1	11257	0.0375	积液	49554	46040	14825	41436	42399	37581	否
7	7.95	14203	0.0473	积液	49328	45832	14692	41249	42207	38224	否
8	8.07	18302	0.061	积液	49356	45958	14798	41362	42323	39569	否
9	7.37	16038	0.0535	积液	49328	44378	14163	39940	40868	37354	否
10	8.08	652	0.0022	积液	49356	45985	14807	41387	42348	25835	否
11	7.54	1585	0.0053	积液	49045	44673	14320	40206	41140	28323	否
12	7.54	13345	0.0445	积液	49045	44673	14320	40206	41140	37013	否
13	7.56	2868	0.0096	积液	49031	44730	14338	40257	41192	30734	否
14	7.47	17875	0.0596	积液	49039	44669	14256	40202	41136	38034	否
15	9.82	53425	0.1781	未积液	51253	49806	16264	44826	45867	48113	否
16	9.63	52807	0.176	未积液	50885	49577	16112	44620	45656	47626	否
17	9.8	18197	0.0607	积液	51253	49758	16248	44782	45822	43372	否
18	8.64	19161	0.0639	积液	48507	47279	15294	42551	43539	41216	否
19	8.52	9966	0.0332	积液	48478	47177	15191	42459	43446	38035	否
20	8.17	4045	0.0135	积液	49560	46232	14887	41609	42575	33376	否
21	10.96	85206	6.2675	积液	311006	92780	43413	83502	115365	162654	否
22	24.31	50744	30.4588	积液	135355	33489	13203	30140	59800	91423	否
23	13.07	50886	15.4576	未积液	75097	15937	8049	23181	23089	49561	是
24	12.83	70849	21.5220	未积液	81072	15795	7977	22975	22883	42119	是
25	12.30	97977	29.7626	未积液	88009	15465	7811	22495	22406	34509	是
26	11.58	125699	38.1838	未积液	93701	15003	7577	21822	21735	28638	是
27	12.17	83507	3.6105	未积液	63560	15382	7769	22374	22285	71978	是
28	23.68	82856	17.3998	未积液	109474	33196	10374	29876	29757	85869	是
29	25.24	105509	21.8016	未积液	119923	20984	10598	30522	30401	81681	是
30	23.75	78410	45.9203	未积液	155885	20563	10385	29909	29790	50927	是
31	21.32	94890	62.6583	未积液	254627	29609	14954	43068	57723	86105	是
32	20.86	99591	30.6443	积液	186326	29364	14831	42712	57210	124283	是

注：表2-4中，深色底表示预测准确，浅色底表示预测错误。

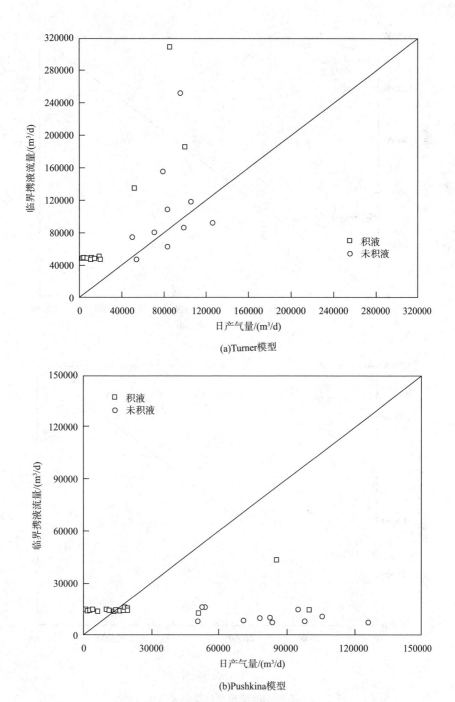

(a)Turner模型

(b)Pushkina模型

图2-7　不同的液膜模型计算结果对比

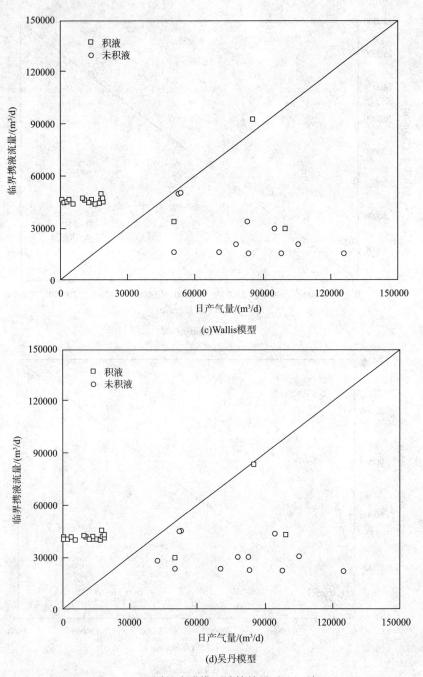

(c)Wallis模型

(d)吴丹模型

图 2-7　不同的液膜模型计算结果对比（续）

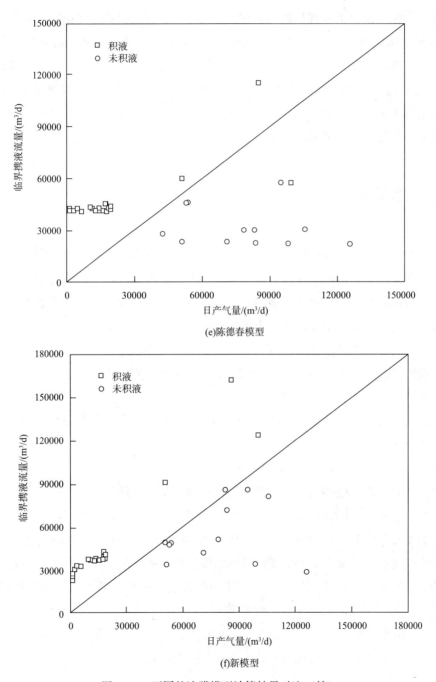

(e)陈德春模型

(f)新模型

图2－7　不同的液膜模型计算结果对比（续）

从表 2 - 4 和图 2 - 7 的计算结果可以看出，Turner 模型[7]的预测值偏大，而 Wallis 模型[35]预测的临界携液流量偏小。32 口气井中，Turner 模型[7]误判 6 口；误判率为 18.75%；Wallis 模型[35]误判 8 口，误判率为 25%；Pushkina 模型[33]误判 2 口，误判率为 6.25%；吴丹模型[45]误判 3 口，误判率为 9.375%；陈德春模型[43]与所建立的新模型均误判 1 口，误判率为 3.125%。对发生误判的井，新模型偏差为 3.64%，陈德春模型[43]预测值的平均偏差为 42.6%，新模型的预测结果与现场气井实际状况更加吻合。

2.3 本章小结

本章通过椭球形液滴受力平衡分析，建立了考虑液滴直径、液滴变形及变形对液滴表面自由能影响的垂直气井气体临界携液流速预测模型。该模型基于液滴总表面自由能与气相总紊流动能的相等关系确定井筒中存在的最大液滴直径；通过分析液滴变形对液滴表面积及表面自由能的影响，建立了液滴最大迎风面直径的计算公式；基于能量守恒原理提出了液滴变形参数与临界韦伯数函数关系式；同时提出了新的临界韦伯数 We_c 和变形参数 K 的函数关系式并将变形参数的计算结果下调 10%；并综合考虑液滴变形和液滴内部流动的影响，将 Brauer 模型基于刚性球体的曳力系数 C_D 计算值增加 20% 作为椭球液滴在高雷诺数下的携液系数。结合现场 44 口气井实际生产数据，将建立的液滴模型与现有的液滴模型（Turner 模型、李闽模型、王毅忠模型、王志彬模型和熊钰模型）进行了验证与对比，结果表明新模型的预测结果与气井实际状况符合最好。

基于液膜反转假设，通过气液两相环状流/环雾流受力平衡分析，建立了考虑井筒中心气流对壁面液膜卷吸夹带作用的垂直气井气体临界携液流速预测模型。该模型引入了基于临界液膜流量和临界气相流速的液滴夹带判据，同时采用了考虑液膜雾化与液滴沉积动态过程影响的液滴夹带率计算公式。结合现场 32 口气井实际生产数据，将建立的液膜模型与现有的液膜模型（Turner 模型、Pushkina 模型、Wallis 模型、吴丹模型和陈德春模型）进行了验证与对比，结果表明新模型的预测结果与现场气井实际状况符合最好。

3 井下涡流排水采气工艺原理分析

本章在深入分析气井井筒中液滴和液膜反转机理的基础上，开展涡流排水采气工艺原理分析，分别基于液滴和液膜反转假设建立了旋流条件下的气井气体临界携液流速预测模型，明确了气井井下涡流排水采气的理论依据。

3.1 涡流工艺携液原理

通过上一小节的分析，表明气井携液的雾状流假设很难满足所有气井气液两相流的实际流型，而雾状流下的气体携液的本质是气体携带小液滴，而小液滴向上运动过程中主要依靠气体的曳力。而环雾流下的气体携液的本质则是气体同时携带液膜和小液滴，小液滴向上运动过程中主要依靠的还是气流的曳力，而液膜向上运动过程主要依靠的是气流的剪切力。不同流型假设下的两者携液模型虽然不同，但都应存在一个临界携液速度，一旦气相速度低于该速度，则液相开始回落。对于一般的环雾流流动，液相既以液膜的形式存在，也以液滴的形式存在，吴丹[45]认为环雾流的临界携液液速，需大于气相携带液膜的临界速度和气相携带液滴的临界速度。因此假设安装有涡流工具的气井，其临界携液流速只要保证能够将液膜携至井口，则气井不会发生积液。其原因如下。

（1）气液两相流经过涡流工具后，强制产生旋流流动，使得气相中的液滴绝大部分被甩至壁面，气相中的液滴数目非常少，液滴直径也非常小，此时的液相主要以液膜的形式存在。

（2）Wallis[36]指出气液两相向上流动过程中，液滴重新回到液膜中，使得液膜的厚度增加，同时气相的剪切作用使得液膜表面波的波峰被气相剪切，部分液膜又以液滴的形式重新回到气流中去。在第二章液膜模型的建立过程中，考虑了这两个过程的动态平衡，建立了满足夹带条件下的液滴夹带率计算公式，发现尽管产生液滴夹带，夹带液滴的份额远远小于以液膜形式存在的液相份额。

根据第 2 章和第 3 章的研究结果，雾状流下的临界携液液滴模型表示如下：

$$V_c = \frac{6.89K}{(K^3 + 2)\sqrt{C_D}} \left[\frac{\sigma(\rho_l - \rho_g)}{\rho_g^2} \right]^{0.25} \tag{3-1}$$

环雾流下的临界携液液膜模型表示如下：

$$[\rho_l H_L + \rho_g(1 - H_L)]gD - 4\tau_W - \frac{4\tau_i}{\sqrt{1 - H_{LF}}} = \left[\rho_l H_{LC} + \rho_g \frac{1 - H_L}{1 - H_{LF}} \right]gD$$

$$\tag{3-2}$$

相关的参数计算详见相关的章节内容。雾状流下气体携带液滴的临界流速可以表示为显函数的形式，环雾流下气体携带液膜的临界携液流速是以隐函数的形式给出，为了便于两类临界携液模型的比较，将液滴模型与液膜模型均表示为最初的形式。

（1）液滴模型的初始形式

目前所有的液滴模型均是在 Turner 模型的基础上进行的修正。液滴模型的主要思路就是分析最大液滴所受的曳力、重力和浮力，根据力平衡即可求解出临界携液流速，目前各模型的区别在于最大液滴尺寸的求解方法不同及曳力系数计算方法。主要有两种方法求解最大液滴尺寸：①根据临界韦伯数求解最大液滴尺寸；②根据气相湍流动能与液滴表面自由能的方法求解最大液滴尺寸。而曳力系数的计算模型较多，在用于求解液滴的曳力系数时需要对基于刚性球体的曳力系数计算模型进行修正。

将液滴视为刚性球体建立的气体携带液滴的临界流速视为初始携液模型，表达式为：

$$V_c = \left[\frac{4d_B(\rho_L - \rho_g)g}{3C_D\rho_g} \right]^{0.5} \tag{3-3}$$

最大液滴直径按照临界韦伯数计算：

$$d_B = \frac{\sigma We_c}{\rho_g V_c^2} \tag{3-4}$$

气体携带液滴的临界速度表达式为：

$$V_c = \left(\frac{4We_c}{3C_D} \right)^{0.25} \left[\frac{g\sigma(\rho_l - \rho_g)}{\rho_g^2} \right]^{0.25} \tag{3-5}$$

（2）液膜模型的初始形式

目前的液膜模型基于壁面对液膜的剪切力、相界面处气相对液膜的剪切力、微元段的压差力和重力这三个力的力平衡建立的。

将不考虑液滴夹带建立的气体携带液膜的临界流速视为初始携液模型，通过引入相关的无量纲参数，将液膜模型显式化后表达式为：

$$V_c = \frac{J_G^* \left[gD(\rho_1 - \rho_g) \right]^{0.5}}{\rho_g^{0.5}} \qquad (3-6)$$

$$J_G^{*\ 0.5} = -\frac{75}{N_B} \left[1 - \left(1 + \frac{N_B}{75^2 C_W} \right)^{1/2} \right] \qquad (3-7)$$

$$N_B = D^2 \frac{g(\rho_1 - \rho_g)}{\sigma} \qquad (3-8)$$

定义 Ku 数为：

$$Ku = J_G^* N_B^{0.25} = \frac{V_c \rho_g^{0.5}}{\left[g\sigma(\rho_1 - \rho_g) \right]^{0.25}} \qquad (3-9)$$

则气体携带液膜的临界速度表示为：

$$V_c = Ku \left[\frac{g\sigma(\rho_1 - \rho_g)}{\rho_g^2} \right]^{0.25} \qquad (3-10)$$

对比气体携带液滴的临界速度表达式（3-5）和气体携带液膜的临界速度表达式（3-10），发现两者区别在于公式前系数不同。气井中的临界韦伯数文献中大多取 30 以上，图 3-1 在临界韦伯数 30～50 范围内比较了液膜模型与液滴模型临界携液流速公式前系数。对于液滴模型，取球形液滴的曳力系数 $C_D = 0.44$；对于液膜模型，陈德春[43]给出了垂直井中四种不同油管内径下的 Ku 数（见表 3-1）。

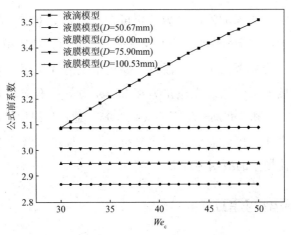

图 3-1　液滴模型与液膜模型公式前系数比较

表 3 – 1　不同油管直径下的 *Ku* 数

油管内径/mm	50.67	62.00	75.9	100.53
Ku 数	2.87	2.95	3.01	3.09

从图 3 – 1 可以看出，气流携带液膜的临界流速随着管径的增加而增加，但不受临界韦伯数影响；气流携带液滴的临界流速随临界韦伯数的增加而增加，因为临界韦伯数越大，预示着液滴直径越大，气流携带越大的液滴所需要的气流曳力就越大，需要的气流速度就越大。整体上看，气流携带液膜要比携带液滴更容易。

3.2　旋流场中的液滴临界携液模型

旋流流动离心力可将大部分液滴甩到井筒内壁面上，但气相中微小液滴还是存在的；同时，随着旋流的衰减，气相中夹带的液滴越来越多，在旋流流动中，对液滴的临界携液流速的研究也必不可少。

本小节基于两相流体动力学理论，对旋流场中的液滴进行受力分析，建立简化的液滴垂向受力平衡方程，推导出旋流场（流动）中气相携液的临界流速预测模型。

3.2.1　旋流场中液滴受力分析

通过第二章常规流场的液滴受力分析可知，液滴受重力、浮力和曳力的作用。而涡流流场中液滴受力更加复杂，可大体分为表面力和体积力两种。体积力主要包括重力、浮力和离心力；表面力主要包括曳力，加速度力和气体不均匀力。其中，加速度力又包括虚拟质量力和 Basset 力等；不均匀力包括压力梯度力[93]、Magnus 力[94] 和 Saffman 力[95]。文献 [96] 通过量级比较后指出：虚拟质量和 Basset 力太小，可以忽略以简化分析。涡流场中，液滴变形行为较为复杂，因此假设涡流场中的液滴为球形。

3.2.2　模型的建立

体积力主要包括浮力、重力和离心力，各力的表示如下：

浮力：

$$F_g = \rho_g V_B g = \frac{1}{6}\pi d_B^3 \rho_g g \qquad (3-11)$$

重力：

$$G = \rho_l V_B g = \frac{1}{6}\pi d_B^3 \rho_l g \qquad (3-12)$$

离心力：

$$F_c = \frac{\pi}{6}d_B^3 \rho_l \frac{V_\theta^2}{r} \qquad (3-13)$$

文献 [97] 指出离心力的方向远离轴线，与水平方向的夹角等于涡流排水采气装置的旋流角。

表面力主要包括曳力，加速度力和气体不均匀力。不均匀力包括压力梯度力、Magnus 力和 Saffman 力，其中，加速度力可以忽略。其中各力的表示如下：

曳力采用 Brauer 模型[75]计算，表达式如下：

$$C_D = \frac{24}{Re} + 0.4 + \frac{4}{\sqrt{Re}}, \ Re < 3 \times 10^5 \qquad (3-14)$$

压力梯度力是由于涡流流动在沿井筒径向上压力分布不均导致的，表达式如下：

$$F_P = \frac{\pi}{6}d_B^3 \rho_g \frac{V_\theta^2}{r} \qquad (3-15)$$

压力梯度力的方向与压力梯度方向相反[96]。

Magnus 力是指由于液滴黏性的原因，同时在涡流场中，由于液滴周围存在横向速度梯度，使得液滴受到与运动方向垂直的、作用效果表现为液滴旋转的力[94]。该力可表示为：

$$F_M = K_M d_B^3 \rho_g w_z (V_g - V_{dL}) \qquad (3-16)$$

式中：K_M 为常数，对于小液滴，文献 [96] 中取 $K_M = \pi/8$。

该力的方向沿井筒径向方向，与气体横向速度梯度方向相同[94]。

由于液滴黏性的原因，同时在涡流场中，由于液滴周围存在横向速度梯度，由于滑移和剪切的作用，液滴受到一个侧向力，即 Saffman 力。该力与 Magnus 力同向，其表达式为：

$$F_S = 1.62 d_B^2 \sqrt{\rho_G \mu_g} \sqrt{\left|\frac{\partial V_g}{\partial y}\right|} |V_g - V_L| \qquad (3-17)$$

以单液滴为研究对象，对其进行受力分析，得到垂直井筒中轴向与径向上的运动方程。

轴向受力平衡：

$$\frac{6}{\pi}d_B^3\rho_L\frac{dV_z}{dt} = -G + F_g + (F_c + F_D)\sin\theta \tag{3-18}$$

从式（3-18）可以看出，沿着井筒轴向方向上，离心力的分量使得液滴更易于携带，这与常规井筒两相流流场是不同的。根据质点力平衡理论，单液滴在垂直井筒中，轴向上所受合力为零，此时对应的气流速度为临界携液流速。将各力的表达式代入轴向运动方程（3-18），得：

$$\frac{\pi}{6}d_B^3(\rho_g - \rho_L)g + \frac{6}{\pi}d_B^3\rho_L\frac{V_\theta^2}{r}\sin\theta + \frac{\pi}{8}C_D d_B^2\rho_g V_c^2\sin^2\theta = 0 \tag{3-19}$$

文献 [98] 指出：在旋流场中，分散相（液滴）与连续相（气相）在切向与轴向两者有较好的跟随性，将上式整理可得：

$$V_c = \sqrt{\frac{d_B(\rho_L - \rho_g)g}{d_B\rho_L\frac{1}{r}\cos^2\theta\sin\theta + \frac{3}{4}C_D\rho_g\sin^2\theta}} \tag{3-20}$$

对于未安装涡流工具的产气井而言，即没有旋流时 $\theta = 90°$，可以得到未安装涡流排水采气工具的气井的临界携液模型为：

$$V_c = \sqrt{\frac{4d_B(\rho_L - \rho_g)g}{3C_D\rho_g}} \tag{3-21}$$

Turner 模型[7]中，最大液滴直径按照临界韦伯数 $We_c = 30$，采用式（3-22）计算：

$$d_B = \frac{\sigma We_c}{\rho_g V_c^2} \tag{3-22}$$

重力加速度取 $g = 9.8\text{m/s}^2$，取球形液滴的曳力系数 $C_D = 0.44$，为了预测结果可靠，Turner 等[7]将计算结果放大 20%，并最终得到最为经典的 Turner 临界携液流速预测模型：

$$V_c = 6.556\sqrt[4]{\frac{\sigma(\rho_L - \rho_g)}{\rho_g^2}} \tag{3-23}$$

即 Turner 模型[7]是式（3-20）或式（3-21）的具体表达形式。众多学者针对临界韦伯数和曳力系数的不同取值给出了相应的针对无涡流工具的气井临界携液流速计算模型，但是本质上也是式（3-20）或式（3-21）的具体表达形式。

考虑到旋流场特殊的流场特性：由于旋流之后液相主要以液膜的形式存在，尽管随着旋流的衰减，离心力的减弱气相中夹带的液滴越来越多，但是流型还是以环状流或环雾流为主，所以以液滴形式存在的液相体积占比很小，若依据气相湍流动能与全部液滴的表面自由能的相等关系来确定最大液滴直径，势必导致最大液滴直径非常大，这是不合理的。所以在旋流场中的临界携液液滴模型建立过程中，依据临界韦伯数来计算最大液滴直径。最终得到临界韦伯数与临界携液流速的计算关系式：

$$\frac{3}{4}C_{\mathrm{D}}\rho_{\mathrm{g}}^2\sin^2\theta V_{\mathrm{c}}^4 + \sigma We_{\mathrm{c}}\rho_{\mathrm{L}}\frac{1}{r}\cos^2\theta\sin\theta V_{\mathrm{c}}^2 = \sigma We_{\mathrm{c}}(\rho_{\mathrm{L}} - \rho_{\mathrm{g}})g \quad (3-24)$$

通过上式可以求解旋流场中相应条件下的临界携液流速，并依据上式的计算结果对该模型进行对比与分析。

3.2.3　模型的对比与分析

对比了旋流场中液滴在井筒中距离井筒轴线不同距离、不同旋流角、不同液滴直径（临界韦伯数）下的临界携液流速变化规律。

（1）液滴在井筒中距离井筒轴线的距离 r 对临界携液的影响规律

分析时，取矿化水密度 $\rho_1 = 1074\mathrm{kg/m^3}$；天然气相对密度 $\gamma = 0.6$；天然气密度随地层压力和温度变化，取 $\rho_{\mathrm{g}} = 90\mathrm{kg/m^3}$；重力加速度取 $g = 9.8\mathrm{m/s^2}$；取球形液滴的曳力系数 $C_{\mathrm{D}} = 0.44$，地层水的表面张力按照 Turner 推荐值，取 $\sigma = 0.06\mathrm{N/m}$；临界韦伯数取 $We_{\mathrm{c}} = 30$；旋流角取 $\theta = 30°$；液滴在井筒中距离井筒轴线的距离 r 取 $0.01 \sim 0.05\mathrm{m}$。现有的四种规格的油管内径及其 r 的取值范围见表 3-2。

表 3-2　不同油管内径下的 r 取值范围

油管内径 D/mm	50.67	62.00	75.90	100.53
井筒径向位置 r/mm	0 ~ 0.025	0 ~ 0.031	0 ~ 0.038	0 ~ 0.050

不同径向位置处的临界携液流速计算如下，计算结果如图 3-2 所示。

从图 3-2 可以看出，涡流工具后段的旋流场中，液滴的临界携液流速随 r 的增加而非线性增加，即越靠近井筒中心的液滴，其临界携液流速越小。对于靠近管壁附近的液滴，其临界携液流速也远小于 Turner 模型[7]和 Coleman 模型[8]的临界携液流速。

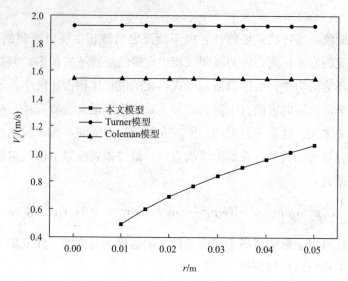

图 3 – 2　井筒不同径向位置处的临界携液流速

（2）旋流角对临界携液的影响规律

分析时，取矿化水密度 $\rho_1 = 1074\text{kg/m}^3$；天然气相对密度 $\gamma = 0.6$；天然气密度随地层压力和温度变化，取 $\rho_g = 90\text{kg/m}^3$；重力加速度取 $g = 9.8\text{m/s}^2$；取球形液滴的曳力系数 $C_D = 0.44$，地层水的表面张力按照 Turner 推荐值，取 $\sigma = 0.06\text{N/m}$；临界韦伯数取 $We_c = 30$；液滴在井筒中距离井筒轴线的距离 r 取 0.025m；旋流角取 $\theta = 0.5° \sim 90°$。计算结果如图 3 – 3 所示。

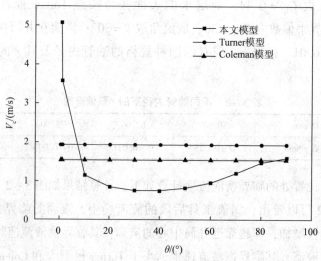

图 3 – 3　旋流角对的临界携液流速的影响规律

从图 3-3 可以明显看出，随着旋流角的增加，临界携液流速呈现出先减小后增加的趋势。旋流角趋于 0° 时，涡流工具之前的气液两相轴向速度几乎全部转化为切向速度，轴向速度很小，所需要的临界携液流速就较大；随着旋流角的增加，涡流工具入口前的轴向速度较多地转化为切向速度，使得液滴较易携带，当旋流角超过大约 40° 时，液滴又不易携液，主要是因为旋流效果减弱，离心力向上的分力作用效果减小。当旋流角达到 90° 时，表示无旋流，即井筒中未安装涡流工具，所建立的新模型与 Coleman 模型的气体临界携液流速预测结果基本一致，同样也与未修正的 Turner 模型预测结果一致。可以看出，存在最优的旋流角使得旋流携液效果最好，旋流角的大致范围在 30°~50°。

（3）液滴直径（临界韦伯数）对临界携液的影响规律

分析时，取矿化水密度 $\rho_1 = 1074\text{kg/m}^3$；天然气相对密度 $\gamma = 0.6$；天然气密度随地层压力和温度变化，取 $\rho_g = 90\text{kg/m}^3$；重力加速度取 $g = 9.8\text{m/s}^2$；取球形液滴的电力系数 $C_D = 0.44$，地层水的表面张力按照 Turner 推荐值，取 $\sigma = 0.06\text{N/m}$；液滴在井筒中距离井筒轴线的距离 r 取 0.025m；旋流角取 $\theta = 30°$；临界韦伯数取 $We_c = 1~50$；计算结果如图 3-4 所示。

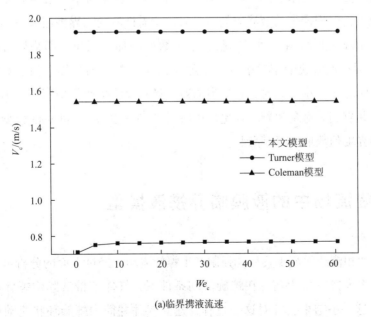

(a)临界携液流速

图 3-4　临界韦伯数对临界携液流速的影响规律

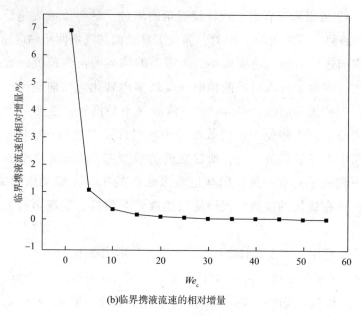

(b)临界携液流速的相对增量

图 3 - 4　临界韦伯数对临界携液流速的影响规律（续）

从图 3 - 4 可以看出，临界携液流速随临界韦伯数的增加而增加，但临界携液流速的相对增量越来越小。因为临界韦伯数的增加意味着气相中稳定存在的液滴直径较大，气相携带的液滴质量就更大，所需携液的临界携液流速预测值就偏大。临界携液流速的相对增量随临界韦伯数的增加而减小，即临界韦伯数大于 30 时，临界携液流速的相对增量已不足 0.05%，再增加临界韦伯数对临界携液流速的影响已非常小，同时，临界韦伯数尽量取大值也使得预测值较为保守，对于积液气井有利于避免误判，这也可以解释 Turner 模型和 Coleman 模型均将液滴破碎的临界韦伯数取 30 的原因。

3.3　旋流场中的液膜临界携液模型

气液两相流经涡流工具后，强制产生螺旋流动，经过上面的分析可知，螺旋环状流动将维持一段距离，在螺旋流动条件下，气体携带液膜均螺旋向上流动（同向），这一小结主要针对这一过程，建立气井井筒内螺旋环状流动的临界携液流速预测模型。

螺旋环状流动过程中，由于井筒中心气相的离心作用，井筒气芯中的液滴含量非常小，同时被气相剪切出来的液滴也在离心力的作用下又重新沉积到液膜上，可假设在螺旋环状流动过程，液滴夹带率为零，即井筒中心的持液率为零，流型为标准环状流；忽略加速压降；井筒中的气相液膜无滑差。

与第 3 章内容区别在于：（1）由于此小节研究过程中，气液两相同向流动，液膜与管壁切应力的方向不同，第 3 章液膜向下流动，管壁液膜的切应力是向上的，而此小节中，涡排旋流装置出口后段井筒中的气液两相流动一定是同向的，所以在这个前提与假设条件下，液膜与管壁的切应力是向下的；（2）由于旋流流动的影响，液膜与管壁的切应力和气液相界面的切应力应该沿着流动方向分解，即上述两个切应力的方向与大小和旋流角有关；（3）螺旋流中，液膜与气相受离心力的作用，这也是与第 3 章研究内容的区别所在。

3.3.1 模型的建立

不夹带情况下对气液两相和管中心的气相分别建立动量方程：

$$-\frac{\mathrm{d}P}{\mathrm{d}Z} \cdot A_\mathrm{p} - \tau_\mathrm{w} \pi D \sin\theta + \frac{[\rho_\mathrm{l} H_\mathrm{L} + \rho_\mathrm{g}(1 - H_\mathrm{L})](V_\mathrm{c} \sin\theta)^2}{\frac{D}{2}} \sin\theta = [\rho_\mathrm{l} H_\mathrm{L} + \rho_\mathrm{g}(1 - H_\mathrm{L})]g A_\mathrm{p}$$

$$(3-25)$$

$$-\frac{\mathrm{d}P}{\mathrm{d}Z} \cdot A_\mathrm{p}(1 - H_\mathrm{L}) - \tau_\mathrm{i} \pi D \sqrt{1 - H_\mathrm{L}} \sin\theta + \frac{\rho_\mathrm{g}(V_\mathrm{c} \sin\theta)^2}{\frac{D - 2\delta}{2}} \sin\theta = \rho_\mathrm{g} g A_\mathrm{p}(1 - H_\mathrm{L})$$

$$(3-26)$$

油管截面面积 A_p 表示如下：

$$A_\mathrm{P} = \frac{\pi D^2}{4} \qquad (3-27)$$

最终得到不夹带情况下的力平衡表达式：

$$[\rho_\mathrm{l} H_\mathrm{L} + \rho_\mathrm{g}(1 - H_\mathrm{L})]g + \frac{4\tau_\mathrm{w}}{D} \sin\theta - \frac{8[\rho_\mathrm{l} H_\mathrm{L} + \rho_\mathrm{g}(1 - H_\mathrm{L})](V_\mathrm{c} \sin\theta)^2}{\pi D^3} \sin\theta$$

$$= \rho_\mathrm{g} g + \frac{4\tau_i}{D \sqrt{1 - H_\mathrm{L}}} \sin\theta - \frac{8\rho_\mathrm{g}(V_\mathrm{c} \sin\theta)^2}{\pi(D - 2\delta)D^2(1 - H_\mathrm{L})} \sin\theta$$

$$(3-28)$$

由持液率的定义[87]，有下式成立：

$$H_{L} = \frac{A_{F}}{A_{P}} \qquad (3-29)$$

管内壁周围环状液膜面积 A_{F} 表示如下：

$$A_{F} = \frac{4\delta_{L}\left(1 - \frac{\delta_{L}}{D}\right)A_{P}}{D} \qquad (3-30)$$

将式（3-30）代入式（3-29）得到持液率的表达式如下：

$$H_{L} = \frac{4\delta_{L}\left(1 - \frac{\delta_{L}}{D}\right)}{D} \qquad (3-31)$$

垂直向上环状流无因次液膜厚度采用式[91]（3-22）计算：

$$\frac{\delta_{L}}{D} = \frac{6.59F}{(1 + 1400F)^{0.5}} \qquad (3-32)$$

其中：

$$F = \frac{\gamma(Re_{LF})}{Re_{sg}^{0.9}} \frac{\mu_{l}}{\mu_{g}} \left(\frac{\rho_{g}}{\rho_{l}}\right)^{0.5} \qquad (3-33)$$

$$\gamma(Re_{LF}) = [(0.707 Re_{LF}^{0.5})^{2.5} + (0.0379 Re_{LF}^{0.9})^{2.5}]^{0.4} \qquad (3-34)$$

$$Re_{sg} = \frac{\rho_{g}V_{c}D}{\mu_{g}} \qquad (3-35)$$

液膜雷诺数 Re_{LF} 采用式[89]（3-36）计算：

$$Re_{LF} = \frac{\rho_{l}V_{sl}(1 - F_{E})D}{\mu_{l}} \qquad (3-36)$$

壁面剪切应力 τ_{w} 与相界面剪切应力 τ_{i} 计算如下：

$$\tau_{w} = 0.004\rho_{l}\frac{V_{sl}^{2}}{H_{L}^{2}} \qquad (3-37)$$

$$\tau_{i} = 0.004\left(1 + 300\frac{\delta_{L}}{D}\right)\rho_{g}\left(\frac{V_{c}}{1 - H_{L}}\right)^{2} \qquad (3-38)$$

矿化水动力黏度的计算采用式（2-77）和式（2-78），井筒内天然气的动力黏度的计算采用式（2-79），气液界面的表面张力计算采用式（2-46），天然气密度的计算采用式（2-47）。

3.3.2   模型的对比与分析

涡流工具后段主要以液膜流动为主，针对所建立的临界携液液膜模型，对比了螺旋环状流与未旋流的临界携液液膜模型的临界携液流速值（第3章液膜模型）。采用文献［7，18］中的试验数据进行对比分析，结果见图3-5和图3-6。图中第1~20口气井生产数据来自文献［18］，第21~32口气井生产数据来自文献［7］。采用的基础数据如下：1~20号、31~32号油管内径62mm、21号井油管内径100.53mm，22~30号油管内径50.67mm。天然气相对密度的平均值$\gamma_g = 0.6$，矿化水密度$\rho_1 = 1074 kg/m^3$。第1~20口气井井筒的平均温度$T = 310K$，平均压缩因子$Z = 0.8$。第21~32口气井井筒的平均温度$T = 322K$，平均压缩因子$Z = 0.85$。

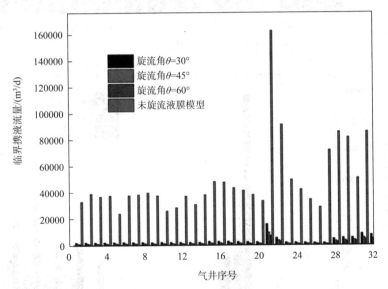

图3-5   旋流与未旋流条件下的临界携液液膜模型预测结果对比

从图3-5可以看出，旋流场中，液膜的临界携液流量要远小于一般的未旋流的气液两相临界携液流量；图3-6中，在给定的不同旋流角（30°、45°、60°）下，随旋流角的增加，同一口气井的临界携液流量减小；同时，在给定的旋流角下，有这样一种趋势，即随着旋流角的增加，同一口气井的临界携液流量减小的幅度变小。

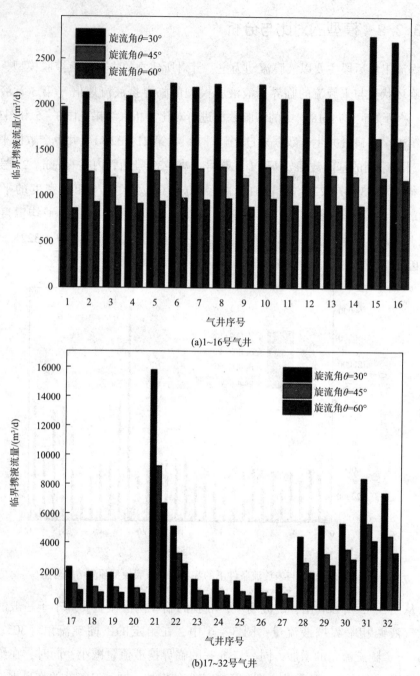

(a)1~16号气井

(b)17~32号气井

图3-6 不同旋流角条件下的临界携液液膜模型预测结果对比

3.4　本章小结

　　本章对比了不同的临界携液流速计算公式，在此基础上对气流携带液滴与气流携带液膜的临界流速计算模型进行了对比，分析了不同油管内径下的临界携液流速公式前系数。通过对比发现：气流携带液膜的临界流速随着管径的增加而增加；气流携液液滴的流速随临界韦伯数的增加而增加，整体上气流携带液膜要比携带液滴容易，最大降幅可达18.18%。通过建立旋流场中的临界携液模型发现，旋流下的临界携液流速均小于未旋流下的临界携液流速，即旋流下的液滴与液膜携带均要比未旋流流场的携液容易。

4 涡流工具气液两相旋流数值分析

数值模拟方法是揭示气液两相流动结构的有效手段。本章采用数值模拟对井下涡流工具螺旋导流板引发的气液两相螺旋涡流流场特性进行了研究，以期揭示涡流排水采气的动力学机制。

4.1 数值模拟方法

数值模拟研究的假设如下：

（1）流体为牛顿流体；

（2）井筒内的气液两相流流动是定常、三维、不存在相变的等温流动；

（3）入口为雾状流，气液相无滑差，入口处轴向速度沿径向分布均匀且各相的径向速度分量为零；

（4）井筒内气体流速较低，可视为不可压缩流体，在模拟流场范围内，流体密度、黏度均为常数；

（5）工质为液态水和天然气，其物理性质在整个模拟过程中为常数；

（6）油管内径为58mm，液气比为常数（分别为 0.1、0.15、0.2/0.25、0.3），入口速度为常数（分别为4m/s、6m/s、8m/s、10m/s），模拟井下压力条件为（2MPa、3MPa、4MPa、5MPa），温度为安装井深处温度（分别为 20℃、30℃、40℃、50℃、60℃）。

4.1.1 控制方程

由于模拟的井筒计算域较短，沿流动方向温降不大，所以不考虑井筒与地层之间的热量交换。气液两相分别为天然气和矿化水，水的体积率大于 0.1，因此采用欧拉－欧拉方法的双流体模型，主相为气相，次相为液相。控制方程表达式如下[46,47]：

质量守恒方程：

$$\nabla \cdot (\alpha_p \rho_p u_p) = 0 \tag{4-1}$$

动量方程：

$$\nabla \cdot (\alpha_p \rho_p u_p u_p) = -\alpha_p \nabla p + \nabla \cdot \bar{\tau}_p + R + \alpha_p \rho_p (F_p + F_{\text{lift},g} + F_{Vm,p}) \tag{4-2}$$

其中

$$\alpha_l + \alpha_g = 1 \tag{4-3}$$

$$R_{g,l} = K_X(u_g - u_l) \tag{4-4}$$

式（4-4）中相间动量交换系数 K_X 采用 Symmetric 模型[99]计算；体积力在计算过程中取重力；同时，升力相对于阻力来说很小，因此不考虑升力的影响；虚拟质量力很小，同样忽略。

4.1.2　多相流模型

井下涡流工具将入口液相以液滴为主的雾状流转化为液滴沿井筒内壁流动，气芯位于井筒中心流动的环状流，任一井筒流动方向的微元断面上同时存在液膜和气芯。且井筒内部的两相流动过程中，可将气液两相看作相互独立又相互作用的两种流体，选用 Euler-Euler 两相流模型来描述气液两相的流动特征。欧拉相为两相，主相为天然气，次相为水。

4.1.3　湍流模型

基于求解 Reynolds 时均方程及关联量输运方程是 FLUENT 中湍流模拟的主要方法，FLUENT 中的湍流模型具体描述见表 4-1。

表 4-1　湍流模型描述

RANS 湍流模型	模型描述
Standard $k-\varepsilon$ 模型	适用于完全发展的湍流流动过程，稳定性好，适合严重压力梯度、分离、强曲率流模拟
RNG $k-\varepsilon$ 模型	适合包含快速应变的复杂剪切流、中等旋涡流动、处理低雷诺数和近壁流动问题的模拟
Realizable $k-\varepsilon$ 模型	适用于旋转流动、分离流动、二次流和边界层流动
Standard $k-\omega$ 模型	适用于低雷诺数、可压缩性和剪切流，在气动和旋转机械领域应用较多

RANS 湍流模型	模型描述
SST $k-\omega$ 模型	可更好地模拟反压力梯度引起的分离点和分离区大小
雷诺应力 （RSM）模型	适用与复杂三维流、强旋流等，且对复杂流动有更高的求解精度

前人研究表明，RNG $k-\varepsilon$ 模型和 RSM 模型均可用于模拟强旋流流场。

与标准 $k-\varepsilon$ 模型相比，RNG $k-\varepsilon$ 模型具有以下不同：（1）在 ε 方程中增加了一个附加项，使得在计算速度梯度较大的流场时精度更高；（2）模型中考虑了旋转效应，对强旋转流动的计算精度得到提高；（3）模型中包含了计算湍流 Prandtl 数的解析公式；（4）在对近壁区进行适当处理后可以计算低雷诺数效应。

RSM 模型抛弃了 Boussinesq 假设，直接求解雷诺平均 N-S 方程中的雷诺应力项，同时求解耗散率方程，能够考虑湍流流动各向异性的效应，通过考虑旋流、壁面等影响，能较好地预测复杂流动，捕捉旋流流动特点。

刘雯等[58]对 RNG $k-\varepsilon$ 湍流模型和 RSM 湍流模型分别进行了数值模拟，并将模拟结果与 Cazan 的旋流实验数据[46]进行了对比，发现 RSM 模型的计算结果更加接近实验结果，因此本章采用 RSM 湍流模型描述涡排井筒中的气液两相旋流流动。

雷诺应力模型（Reynolds Stress Model）抛弃了各向同性的涡流黏性假设，通过解决雷诺应力和耗散率的输运方程使得雷诺平均 N-S 方程闭合。其具体形式如下：

$$
\frac{\partial}{\partial t}(\rho \,\overline{u'_i u'_j}) + \underbrace{\frac{\partial}{\partial x_k}(\rho u_k \overline{u'_i u'_j})}_{C_{ij}} = -\underbrace{\frac{\partial}{\partial x_k}\left[\rho \overline{u'_i u'_j u'_k} + \overline{p(\delta_{kj}u'_i + \delta_{ik}u'_j)}\right]}_{D_{T,ij}} +
$$

$$
\underbrace{\frac{\partial}{\partial x_k}\left[\mu \frac{\partial}{\partial x_k}(\overline{u'_i u'_j})\right]}_{D_{L,ij}} - \underbrace{\rho\left(\overline{u'_i u'_k}\frac{\partial u_j}{\partial x_k} + \overline{u'_j u'_k}\frac{\partial u_j}{\partial x_k}\right)}_{P_{ij}} - \underbrace{\rho\beta(g_i \overline{u'_j \theta} + g_j \overline{u'_i \theta})}_{C_{ij}}
$$

$$
\tag{4-5}
$$

$$
+ \underbrace{p\left(\frac{\partial u'_i}{\partial x_j} + \frac{\partial u'_j}{\partial x_i}\right)}_{\phi_{ij}} - \underbrace{2\mu \overline{\frac{\partial u'_i u'_j}{\partial x_k \partial x_k}}}_{\varepsilon_{ij}} - \underbrace{2\rho\Omega_k(\overline{u'_j u'_m}\varepsilon_{ikm} + \overline{u'_i u'_m}\varepsilon_{jkm})}_{F_{ij}} + S_{user}
$$

其中，$\dfrac{\partial}{\partial t}(\rho \,\overline{u'_i u'_j})$ 为雷诺应力随时间变化率；

$C_{ij} = \dfrac{\partial}{\partial x_k}(\rho u_k \overline{u'_i u'_j})$ 为对流项；

$D_{\mathrm{T},\mathrm{ij}} = \dfrac{\partial}{\partial x_{\mathrm{k}}} \left[\rho\, \overline{u'_{\mathrm{i}} u'_{\mathrm{j}} u'_{\mathrm{k}}} + \overline{p(\delta_{\mathrm{kj}} u'_{\mathrm{i}} + \delta_{\mathrm{ik}} u'_{\mathrm{j}})} \right]$ 为湍流扩散项；

$D_{\mathrm{L},\mathrm{ij}} = \dfrac{\partial}{\partial x_{\mathrm{k}}} \left[\mu\, \dfrac{\partial}{\partial x_{\mathrm{k}}} (\overline{u'_{\mathrm{i}} u'_{\mathrm{j}}}) \right]$ 为分子黏性扩散项；

$P_{\mathrm{ij}} = \rho \left(\overline{u'_{\mathrm{i}} u'_{\mathrm{k}}} \dfrac{\partial u_{\mathrm{j}}}{\partial x_{\mathrm{k}}} + \overline{u'_{\mathrm{j}} u'_{\mathrm{k}}} \dfrac{\partial u_{\mathrm{i}}}{\partial x_{\mathrm{k}}} \right)$ 为剪应力产生项；

$G_{\mathrm{ij}} = \rho\beta (g_{\mathrm{i}} \overline{u'_{\mathrm{j}}\theta} + g_{\mathrm{j}} \overline{u'_{\mathrm{i}}\theta})$ 为浮力产生项；

$\phi_{\mathrm{ij}} = p(\dfrac{\partial u'_{\mathrm{i}}}{\partial x_{\mathrm{j}}} + \dfrac{\partial u'_{\mathrm{j}}}{\partial x_{\mathrm{i}}})$ 为压力应变项；

$\varepsilon_{\mathrm{ij}} = 2\mu \overline{\dfrac{\partial u'_{\mathrm{i}} u'_{\mathrm{j}}}{\partial x_{\mathrm{k}} \partial x_{\mathrm{k}}}}$ 为黏性耗散项；

$F_{\mathrm{ij}} = 2\rho\Omega_{\mathrm{k}} (\overline{u'_{\mathrm{j}} u'_{\mathrm{m}}} \varepsilon_{\mathrm{ikm}} + \overline{u'_{\mathrm{i}} u'_{\mathrm{m}}} \varepsilon_{\mathrm{jkm}})$ 为系统旋转产生项；

S_{user} 为源项。

湍流扩散项：

$$D_{\mathrm{T},\mathrm{ij}} = \dfrac{\partial}{\partial x_{\mathrm{k}}} (\dfrac{\mu_{\mathrm{t}}}{\sigma_{\mathrm{k}}} \dfrac{\partial \overline{u'_{\mathrm{i}} u'_{\mathrm{j}}}}{\partial x_{\mathrm{k}}}) \tag{4-6}$$

对于压力应变项 ϕ_{ij} 的计算，压力应变项 ϕ_{ij} 的存在是雷诺应力方程与 $k-\varepsilon$ 方程的最大区别之处。因此，ϕ_{ij} 仅在湍流各分量项存在，当 $i \neq j$ 时，它表示剪应力减小，使湍流趋向各向同性；当 $i = j$ 时，它表示使湍动能在各应力分量间重新分配，对总量无影响。可见，此项并不产生脉动能量，仅起到再分配的作用。因此，在文献 [100] 中称此项为再分配项。

$$\phi_{\mathrm{ij}} = \phi_{\mathrm{ij},1} + \phi_{\mathrm{ij},2} + \phi_{\mathrm{ij},\mathrm{w}} \tag{4-7}$$

式中，$\phi_{\mathrm{ij},1}$ 为慢的压力应变项，$\phi_{\mathrm{ij},2}$ 为快的压力应变项，$\phi_{\mathrm{ij},\mathrm{w}}$ 为壁面反射项。

当 $\phi_{\mathrm{ij},1} = - C_{1}\rho \dfrac{\varepsilon}{\kappa} (\overline{u'_{\mathrm{i}} u'_{\mathrm{j}}} - \dfrac{2}{3}\kappa\delta_{\mathrm{ij}})$，$C_{1} = 1.8$；

当 $\phi_{\mathrm{ij},2} = - C_{2} \left[(P_{\mathrm{ij}} + F_{\mathrm{ij}} + G_{\mathrm{ij}} - C_{\mathrm{ij}}) - \dfrac{2}{3}\delta_{\mathrm{ij}}(P + G - C) \right]$，

$C_{2} = 0.6, P = \dfrac{P_{\mathrm{kk}}}{2}, G = \dfrac{1}{2}G_{\mathrm{kk}}, C = \dfrac{1}{2}C_{\mathrm{kk}}$。

壁面反射项用于重新分布近壁的雷诺正应力分布，主要是减少垂直于壁面的雷诺正应力，增加平行于壁面的雷诺正应力。

$$\phi_{\mathrm{ij},\mathrm{w}} = C'_{1} \dfrac{\varepsilon}{\kappa} (\overline{u'_{\mathrm{k}} u'_{\mathrm{m}}} n_{\mathrm{k}} n_{\mathrm{m}} \delta_{\mathrm{ij}} - \dfrac{3}{2} \overline{u'_{\mathrm{i}} u'_{\mathrm{k}}} n_{\mathrm{j}} n_{\mathrm{k}} - \dfrac{3}{2} \overline{u'_{\mathrm{j}} u'_{\mathrm{k}}} n_{\mathrm{i}} n_{\mathrm{k}}) \dfrac{\kappa^{3/2}}{C_{1}\varepsilon d} +$$

$$C'_{2} (\phi_{\mathrm{km},2} n_{\mathrm{k}} n_{\mathrm{m}} \delta_{\mathrm{ij}} - \dfrac{3}{2}\phi_{\mathrm{ik},2} n_{\mathrm{j}} n_{\mathrm{k}} - \dfrac{3}{2}\phi_{\mathrm{jk},2} n_{\mathrm{i}} n_{\mathrm{k}}) \dfrac{\kappa^{3/2}}{C_{1}\varepsilon d} \tag{4-8}$$

式中，$C'_1 = 0.5$，$C'_2 = 0.3$，n_k 是 x_k 在垂直于壁面方向上的单位分量，d 是到壁面的距离。RSM 的补充控制方程如下：

$$\frac{\partial(\rho\kappa)}{\partial t} + \frac{\partial(\rho\kappa u_i)}{\partial x_i} = \frac{\partial}{\partial x_j}\left[(\mu + \frac{\mu_t}{\sigma_k})\frac{\partial\kappa}{\partial x_j}\right] + \frac{1}{2}(P_{ij} + G_{ij}) - \rho\varepsilon \quad (4-9)$$

$$\frac{\partial(\rho\varepsilon)}{\partial t} + \frac{\partial(\rho\varepsilon u_i)}{\partial x_i} = \frac{\partial}{\partial x_j}\left[(\mu + \frac{\mu_t}{\sigma_\varepsilon})\frac{\partial\varepsilon}{\partial x_j}\right] + C_{1\varepsilon}\frac{1}{2}(P_{ij} + C_{3\varepsilon}G_{ij}) - C_{2\varepsilon}\rho\frac{\varepsilon^2}{\kappa}$$

$$(4-10)$$

$$\mu_t = \rho C_{3\varepsilon}\frac{k^2}{\varepsilon} \quad (4-11)$$

其中 $C_{1\varepsilon} = 1.44$，$C_{2\varepsilon} = 1.92$，$C_{3\varepsilon} = 0.09$，$\sigma_k = 0.82$，$\sigma_\varepsilon = 1.0$。

以上连续性方程、雷诺应力方程、雷诺方程、κ 方程和 ε 方程等构成了封闭的三维湍流流动问题的基本控制方程组[101]。

4.2　数值模拟计算步骤

4.2.1　几何模型及计算域

4.2.1.1　几何模型

DXR 型井下涡流工具是比较常见且应用较多的井下涡流工具型号，所以本章针对此型号进行简化建立几何模型进行数值模拟。在对物理模型简化后建立的几何模型如图 4-1 所示，模型的几何参数见表 4-2。

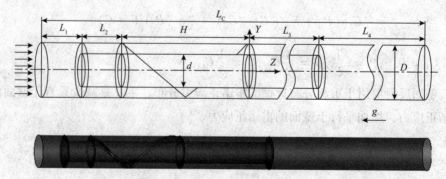

图 4-1　旋流装置几何模型示意图

表 4 - 2　旋流涡流工具几何参数

编号	参数	符号	尺寸/mm
1	入口直径	D	58
2	入口直段长度	L_1	50
3	入口环形通道长度	L_2	50
4	螺旋流道长度	H	170
5	出口环形通道长度	L_3	170
6	出口直段长度	L_4	6000
7	出口直径	D	58
8	内环直径	d	38
9	叶片高度	h	10
10	叶片厚度	δ	6
11	螺旋周期	N	1

在图 4 - 1 所示的几何形状中研究了气水两相旋流流动。该计算域包括 5 部分，分别为入口圆管长度，用 L_1 表示；入口环形流道长度，用 L_2 表示；用于起旋的螺旋形流道长度，用 H 表示；出口环形流道长度，用 L_3 表示；出口的圆管长度，用 L_4 表示。

4.2.1.2　网格划分

流动边界层内流场参数变化加大，为避免加密导致网格数目过多，影响计算效率，通过计算第一层网格高度，确保第一层网格节点位于湍流核心区。

划分网格过程中，为了更好地捕捉流场参数，一般需要对近壁面处网格进行加密。根据流动状态的不同，将边界层内分为三层，自壁面向流动核心区分别为：黏性子层、过渡层和湍流核心层。由于边界层很薄，一般都是毫米~微米级，因此，若采用划分网格进而利用数值方法求解，势必会大大增加计算网格的数量，并急剧增加计算工作量。进一步研究发现，在黏性子层和过渡层内，主要是黏性力在起主导作用，惯性力的作用几乎忽略。在该区域内，黏性力与速度梯度呈线性关系，因此在核心层为高雷诺数湍流流动的情况下，过渡层与黏性子层内的速度分布可通过经验公式直接计算得到，而无需划分网格。在这种情况下，可以将计算节点的第一层网格节点放置在湍流核心区内，而过渡层与黏性子层中则无需要任何网格。这部分区域中的物理量分布采用壁面函数（wall function）

来计算完成。需要壁面函数的湍流模型包括：k – epsilon 模型，雷诺应力模型，与之不同的是另外一种低雷诺数湍流模型，它并不采用壁面函数求解黏性子层与过渡层中的流动物理量分布，而是采用 N – S 方程离散求解，与核心区域求解方式一样，如 K – W 模型，SA 模型等。

Y^+ 是一个无量纲量，其定义为：

$$Y^+ = \frac{u^* y}{v} \tag{4-12}$$

其中近壁面摩擦速度：

$$u^* = \sqrt{\frac{\tau w}{\rho}} \tag{4-13}$$

一般来说，对于高雷诺数模型需要满足 $Y^+ \geqslant 30$，一般以接近 30 为佳。气井井筒内雷诺数较大，因此取 $Y^+ = 30$ 来计算第一层网格高度。当来流速度为 6m/s 时，计算的第一层网格高度为 0.02mm。

采用结构化网格进行节点划分，通过面网格拉伸与旋转的方法依次划分入口圆管道、入口环状管道、螺旋段管道、出口环状管道、出口圆管道 5 部分，然后再通过网格合并实现整体计算域的创建。在划分网格时，需要对近壁面网格进行加密处理，所以设置边界层网格 Spacing 的值为 0.02。

几何模型导入 ICEM CFD 软件后，为了方便划分网格和确保网格质量，进行分块划分结构化网格。具体划分步骤如下：

（1）通过 split 功能进行整个筒体切割，分别从 $Z = 50$mm，100mm，270mm，440mm 位置划分成 5 块，切割时勾选 connected，分隔处的界面只存在一个公共面，保持连通性；

（2）划分后的 5 部分分别生成 Part，然后依次进行结构化网格划分，具体步骤为：生成 Block – 建立映射关系 – 定义网格尺寸 – 生成网格 – 检查网格质量，其中螺旋段的体网格由于不好精准地建立映射关系，此段网格的生成方法为通过面网格旋转拉伸生成；

（3）5 部分相互有 4 个重合的 interface 面，4 个 interface 面是由各个部分生成的 8 个面重合而来，在设置边界条件时，需要在 fluent 里把这 4 对相对应的面依次进行 interface 耦合，耦合之后的面自动定义为流体域。

最终通过 ANSYS ICEM CFD 模块对计算域进行网格生成，得到的结构化网格如图 4 – 2 所示。

图 4 - 2　网格划分结果

ICEM CFD 可对网格的质量通过尺寸扭曲率和角度扭曲率两个主要的指标来衡量。网格质量检测结果显示，划分的网格未出现负体积问题，尺寸扭曲率和角度扭曲率均在 0.7 以内，总体网格质量达到 0.65（见图 4 - 3），表明所划分的网格质量较好。

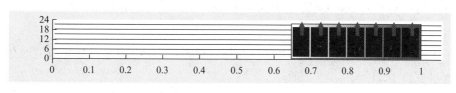

图 4 - 3　网格质量图

4.2.2　边界条件及参数设置

Fluent 求解器中边界条件及相关参数设置如下。

（1）入口边界设置

两相流的入口边界条件为：速度入口（Velocity Inlet），气相与液相入口流速相同，即 $u_w = u_g$，进口截面处液滴直径为 $10\mu m$，甲烷为主相，水为次相，水的体积率为给定的常数（分别取 0.1、0.15、0.2、0.25、0.3）。

入口需要给出湍流强度 I 和入口截面的水力直径 D_H。

①湍流强度计算经验公式为：

$$I = 0.16Re^{\lambda(-1/8)} \times 100\% \qquad (4 - 14)$$

其中雷诺数 Re 计算公式为：

$$Re = \frac{\rho u d}{\mu} \qquad (4 - 15)$$

②水力直径计算公式为：

$$D_H = \frac{4ab}{2(a + b)} \qquad (4 - 16)$$

水力直径为圆管直径 58mm，

经计算，$Re = 3.45944 \times 10^9$；$I = 3.9\%$；$D_H = 58mm$。

（2）出口边界设置

出口边界设为自由出流边界，即假设出口处的流动是充分发展流动。出口截面设置为自由出流（Outflow），流量权重为 1。

（3）壁面条件设置

采用标准壁面函数（Standard Wall Function），Wall 采用无滑移边界条件，壁面粗糙度参数为 0.4。

（4）接触面 Interface 设置

模型由入口圆管道、入口环状管道、旋流段、出口环状管道和出口圆管道 5 部分合并而来，有 4 个相互接触的重叠的面，需要设置为 Interface 面，在 Fluent 软件中需要对 Interface 关联，关联后相接处的面默认为流体域。

（5）材料设定

天然气物性根据各组分平均摩尔百分含量范围值[102]确定，其各组分摩尔百分含量见表 4-3。

表 4-3 天然气组分含量

组分	甲烷	乙烷	丙烷	氮气	二氧化碳
摩尔百分含量/mol%	0.9445	0.0311	0.0126	0.0051	0.0067

借助 NIST Refprop 软件，定义上述组分含量的天然气，分别计算在不同工况下天然气的物性参数，在 FLUENT 计算中可以认为在模拟段内的物性不发生变化，即天然气密度与动力黏度为常数。天然气物性参数计算结果见表 4-4。

表 4-4 天然气物性

压力/MPa	温度/K	焓/(kJ/kg)	熵/[kJ/(kg·K)]	密度/(kg/m³)	动力黏度/(μPa·s)
2	293.15	844.83	4.9014	14.615	11.245
	303.15	867.61	4.9778	14.062	11.566
	313.15	890.52	5.0522	13.554	11.884
	323.15	913.59	5.1247	13.084	12.199
	333.15	936.85	5.1956	12.649	12.510

压力/MPa	温度/K	焓/(kJ/kg)	熵/[kJ/(kg·K)]	密度/(kg/m³)	动力黏度/(μPa·s)
3	293.15	833.94	4.6768	22.394	11.440
	303.15	857.46	4.7557	21.487	11.752
	313.15	881.03	4.8322	20.661	12.062
	323.15	904.70	4.9066	19.905	12.369
	333.15	928.49	4.9797	19.208	12.674
4	293.15	822.86	4.5089	30.504	11.670
	303.15	847.19	4.5905	29.183	11.969
	313.15	871.47	4.6693	27.991	12.267
	323.15	895.76	4.7457	26.909	12.564
	333.15	920.12	4.8199	25.920	12.859
5	293.15	811.62	4.3718	39.951	11.997
	303.15	836.82	4.4563	37.148	12.275
	313.15	861.85	4.5375	35.539	12.555
	323.15	886.81	4.6160	34.091	12.836
	333.15	911.75	4.6920	32.777	13.118

4.2.3 数值求解方法

在完成网格划分、材料的定义、边界条件的设置以及计算模型选取后，为了更好地控制求解过程，需要在求解器中对求解参数进行设置。所设置的参数主要有离散格式、亚松弛因子等。

在流场数值模拟中，迭代发散往往是由于动量方程中的压力梯度项和对流项的离散处理不当而引起的，因此在对压力梯度项和对流项进行离散处理时，应正确选择差分格式。本书采用压力基求解器，选取 QUICK 差分格式离散处理动量方程，采用 PRESTO 格式离散处理动量方程中的压力梯度项。动量、湍动能和耗散率方程均选取二阶迎风差值格式，压力速度耦合格式选取 SIMPLEC 算法。所有参数的最大残差被设置为 0.001，即当残差小于 10^{-3} 时迭代视为收敛。另外，在数值求解计算的过程中，除监控残差外，还需通过监测进出口处压力、速度、相分布等流场关键参数在所取截面的变化来判断整个迭代的收敛性。在迭代求解中亚松弛因子设置如下：压力取 0.3，密度取 1.0，体积力取 0.5，动量取 0.3，体积分数取 0.5，湍流动能取 0.6，湍流黏度取 0.5。

4.2.4 网格无关性验证

网格无关性是指网格划分的数量对计算结果的影响无关或者可以忽略不计。如果网格划分太稀疏，会使计算结果产生偏差，不能够得到理想的结果；如果网格划分过密，计算精度一般会有所提高，但计算量增加，会耗散大量资源，使模拟仿真的工作效率大大降低。所以在确定网格数量时应该综合考虑网格的合理尺寸。

网格无关性检验是对同一个物理模型，定义不同的网格尺寸，划分成不同的网格数量，并分别进行数值模拟，最后将不同网格数量条件下的模拟结果进行对比，如果网格数量在一定范围内变化而模拟结果较为接近，则确定该范围内最少的网格数量为最合适的网格数量。

基于模型真实尺寸划分四组不同数量的网格，按照井下真实情况进行模拟计算，网格划分数量分别为：5295202、6005706、6640277 和 7295496。经计算后发现，网格数量为 6005706、6640277 和 7295496 时，模拟计算结果较为接近，即在保证网格质量的前提下当网格数量达到 6005706 时，若再次提升网格数量，模拟计算结果无较大区别，并且占用大量的计算机存储资源，降低模拟计算效率，所以本章模拟计算采用的网格划分数量为 6005706。

4.3 数值模拟结果与分析

采用 ANSYS FLUENT 17.0 进行数值模拟，计算机操作系统为 windows 10。天然气相关物性参数按表 4 − 4 确定，模拟工况为：压力取 2MPa，温度取 313.15K，矿化水密度取 1074kg/m³；矿化水动力黏度取 725.578 × 10⁻⁶ Pa·s，气液相入口速度为 6m/s，液滴直径为 10μm，液相体积率为 0.1。

4.3.1　水体积率变化

4.3.1.1　螺旋导流板内涡运动及水体积分布

图 4 – 4、图 4 – 5、图 4 – 6 给出了螺旋导流板内沿 Z 轴方向不同界面处的流线图以及液相分布云图。如图 4 – 4 所示，在螺旋导流板前段区域中，在主流及二次涡的作用下，液膜分布不均匀、厚度不均匀。在螺旋叶片作用下，气液两相区域开始出现二次流动，如上图的流线所示。在螺旋叶片入口处（$Z = 110\text{mm}$），形成一个逆时针旋转的涡。随着涡的逐渐发展，又出现一个顺时针旋转的涡（角动量守恒）。最终顺时针的涡在逆时针涡（主流）的作用逐渐衰减消失，见图（5）和图（6）（$Z = 140 \sim 150\text{mm}$）。

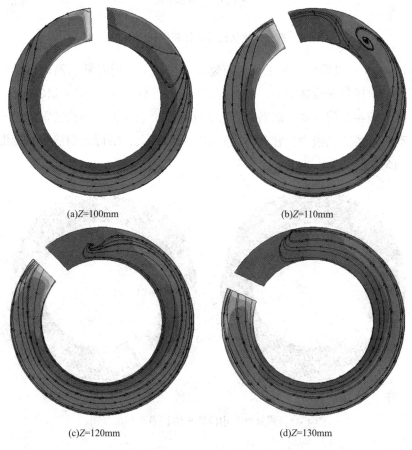

(a)Z=100mm　　　　　　　　　(b)Z=110mm

(c)Z=120mm　　　　　　　　　(d)Z=130mm

图 4 – 4　螺旋叶片前段液相体积率和流线图

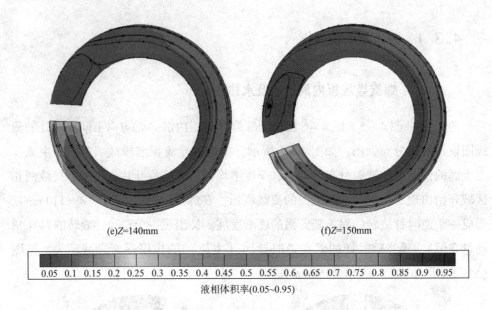

(e)Z=140mm   (f)Z=150mm

液相体积率(0.05~0.95)

图4-4　螺旋叶片前段液相体积率和流线图（续）

由图4-5可以看出，在主流切向速度的作用下，逆时针的涡逐渐发展，并最终形成一个逆时针旋转的涡，如图（a）～图（f）（Z=160~210mm）。同时气相中的液滴在主旋流及二次涡的离心力作用下，液滴被甩向管壁附近，导致内圆柱壁面附近的液相很少，管壁附近液相体积率较大，所形成的液膜厚度沿周向分布不均匀。

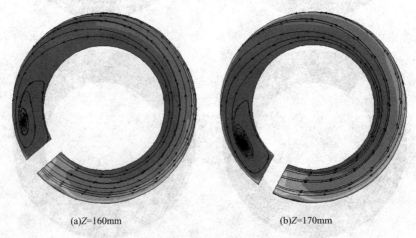

(a)Z=160mm   (b)Z=170mm

图4-5　螺旋叶片中段液相体积率 β 和流线图

(c)Z=180mm　　　　　　　　　　(d)Z=190mm

(e)Z=200mm　　　　　　　　　　(f)Z=210mm

0.05　0.1　0.15　0.2　0.25　0.3　0.35　0.4　0.45　0.5　0.55　0.6　0.65　0.7　0.75　0.8　0.85　0.9　0.95

液相体积率(0.05~0.95)

图4-5　螺旋叶片中段液相体积率 β 和流线图（续）

在涡区域离心力大，远离涡区域的离心力小。中心涡区域及周边液相质量分数少，其管壁上难以形成液膜，液膜在远离涡的区域（螺旋叶片左边）逐渐生成并增厚。由图4-6可看出，液滴仍集中在螺旋导流板左边区域，主要是由于先前二次涡的影响，导流板出口附近（ $Z = 220 \sim 269\mathrm{mm}$ ），液膜在左边的壁面处形成较厚的液膜，液膜沿周向不连续。

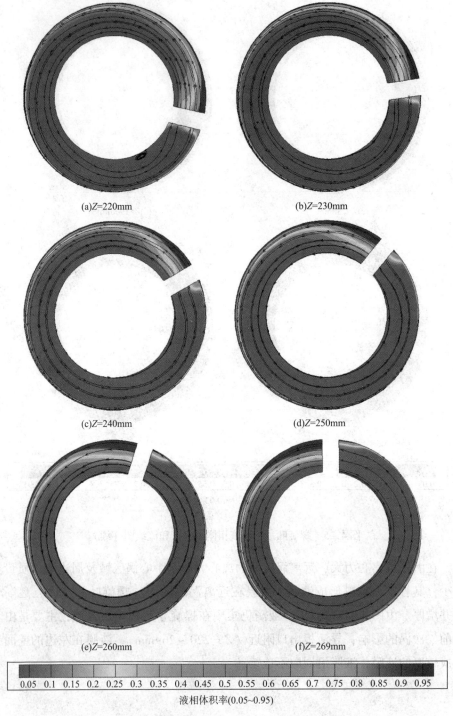

(a)Z=220mm (b)Z=230mm

(c)Z=240mm (d)Z=250mm

(e)Z=260mm (f)Z=269mm

0.05 0.1 0.15 0.2 0.25 0.3 0.35 0.4 0.45 0.5 0.55 0.6 0.65 0.7 0.75 0.8 0.85 0.9 0.95

液相体积率(0.05~0.95)

图4-6　螺旋叶片后段液相体积率β和流线图

4.3.1.2　螺旋导流板下游涡运动及水体积分布

图4-7和图4-8给出了螺旋导流板下游沿 Z 轴方向不同界面处的流线图以及液相分布云图。由图4-7可以看出，在螺旋导流板之后的环形通道段（$Z=271\sim440\text{mm}$），液相在主流切应力的作用下分布沿周向逐渐均匀。

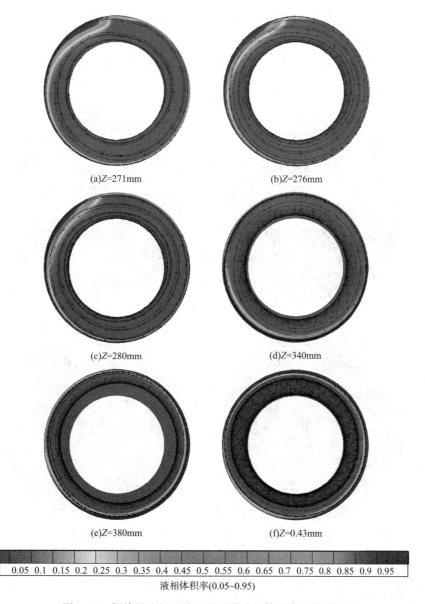

(a)Z=271mm　　　　　　　　　　(b)Z=276mm

(c)Z=280mm　　　　　　　　　　(d)Z=340mm

(e)Z=380mm　　　　　　　　　　(f)Z=0.43mm

0.05 0.1 0.15 0.2 0.25 0.3 0.35 0.4 0.45 0.5 0.55 0.6 0.65 0.7 0.75 0.8 0.85 0.9 0.95
液相体积率(0.05~0.95)

图4-7　螺旋导流板下游环形通道液相体积率和流线图

如图 4-8 中所示，环形通道以后（$Z=450\sim740\text{mm}$），由于流道突然扩大，旋流强度降低（旋流数在此处有微小的突降），同时旋流中心与圆管中心存在偏心距。在 $Z=1500\sim2000\text{mm}$ 处，主流的旋流已呈现较为明显的衰减趋势，主流的流线已不再是圆周，在 $Z=2500\text{mm}$ 处，已破碎为多个分散的涡，由于角动量守恒，这些分散涡的旋转方向两两对应相反，小涡在反向大涡及摩擦耗散的作用下，衰减消失，最终形成较为明显的两对旋转方向相反的涡（$Z=3000\text{mm}$、$Z=3500\text{mm}$、$Z=4500\text{mm}$、$Z=5500\text{mm}$）。在这个过程中，由于扰动的影响，小涡不断生成，又不断衰减，但总能发现，由于角动量守恒，这些分散涡的旋转方向两两对应相反。

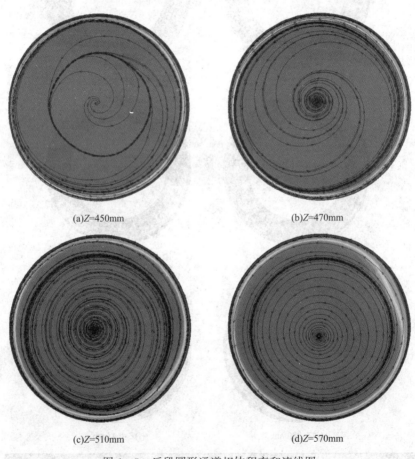

(a)Z=450mm

(b)Z=470mm

(c)Z=510mm

(d)Z=570mm

图 4-8 后段圆形通道相体积率和流线图

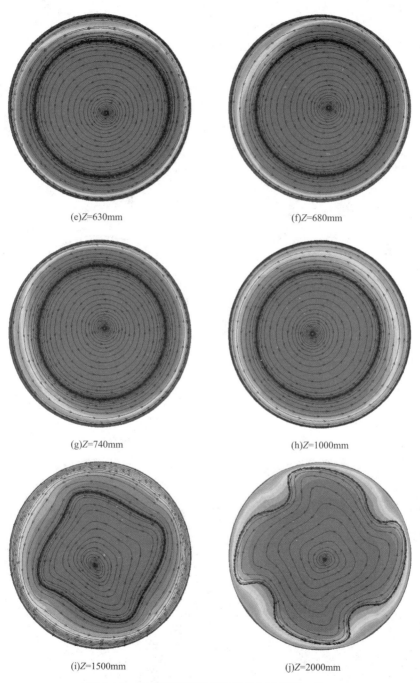

(e)Z=630mm   (f)Z=680mm

(g)Z=740mm   (h)Z=1000mm

(i)Z=1500mm   (j)Z=2000mm

图4-8　后段圆形通道相体积率和流线图（续）

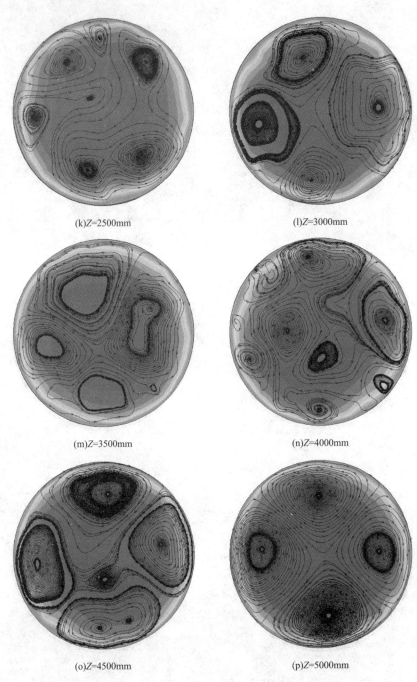

(k)Z=2500mm

(l)Z=3000mm

(m)Z=3500mm

(n)Z=4000mm

(o)Z=4500mm

(p)Z=5000mm

图4－8　后段圆形通道相体积率和流线图（续）

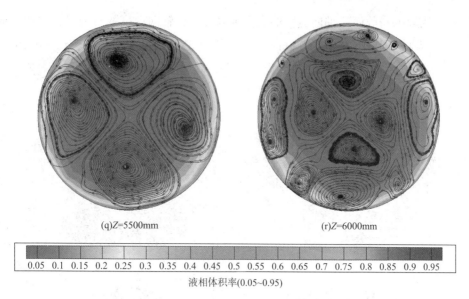

(q)Z=5500mm　　　　　　　　　　(r)Z=6000mm

0.05　0.1　0.15　0.2　0.25　0.3　0.35　0.4　0.45　0.5　0.55　0.6　0.65　0.7　0.75　0.8　0.85　0.9　0.95

液相体积率(0.05~0.95)

图4-8　后段圆形通道相体积率和流线图（续）

上述研究结果表明，流出螺旋导流板后，雾状来流转变为环状流，在导流板下游，二次涡会逐渐衰减消失，流体做螺旋向前运动，液膜沿周向逐渐分布均匀，流体的湍流强度得到提高，有效破坏了流动边界层，如图4-9所示。

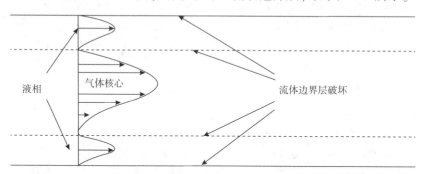

图4-9　流经导流板后流体流动边界层破坏示意图

4.3.2　速度分布变化

4.3.2.1　螺旋导流板下游直管段轴向速度场

图4-10给出了螺旋导流板下游直管段沿Z轴方向不同截面的轴向速度分布云图。由图可知，井筒中心的气流流速要大于6m/s的入口速度，流出涡流工具后，高速旋流中心很快转移到井筒中心位置处，同时高速区与井筒中心不重合。

此时，比较不同截面处轴向速度的大小可以发现，轴向速度的衰减过程要比切向速度的衰减过程慢，在 $Z = 6000\text{mm}$ 处，井筒中心处的流速依然高于入口 6m/s。

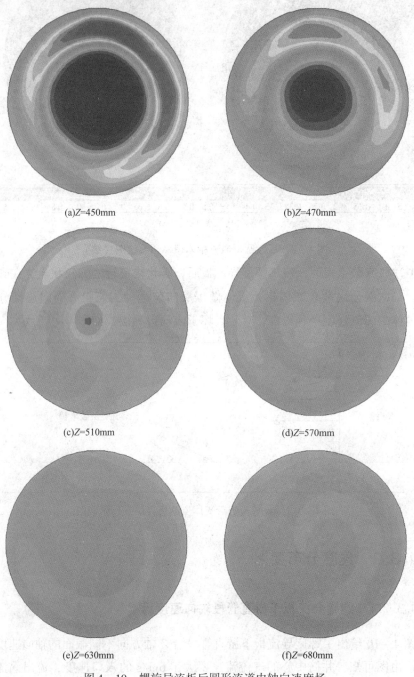

(a)Z=450mm　　　　　　　　(b)Z=470mm

(c)Z=510mm　　　　　　　　(d)Z=570mm

(e)Z=630mm　　　　　　　　(f)Z=680mm

图 4 – 10　螺旋导流板后圆形流道内轴向速度场

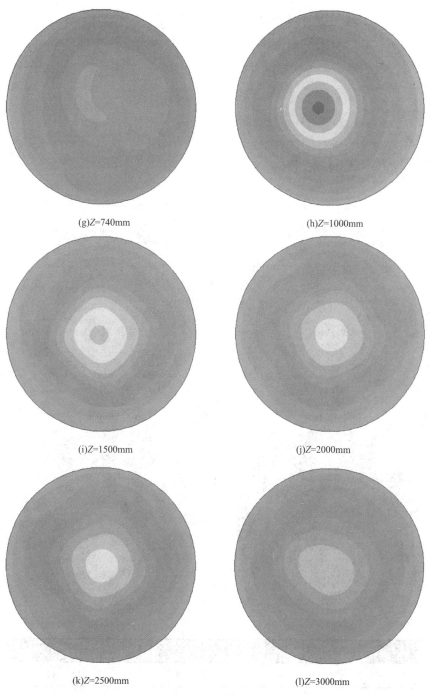

(g)Z=740mm

(h)Z=1000mm

(i)Z=1500mm

(j)Z=2000mm

(k)Z=2500mm

(l)Z=3000mm

图4－10 螺旋导流板后圆形流道内轴向速度场（续）

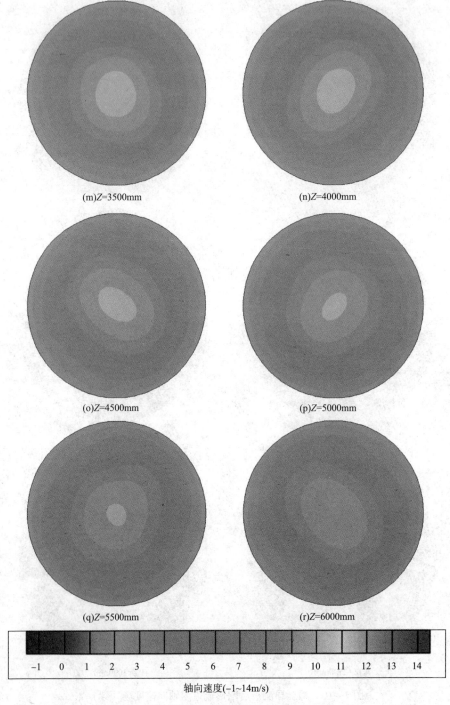

图4-10 螺旋导流板后圆形流道内轴向速度场（续）

4.3.2.2 螺旋导流板下游直管段切向速度场

图 4-11 给出了螺旋导流板下游直管段沿 Z 轴方向不同截面的切向速度分布云图。从图中可知，高速旋流中心与井筒中心存在偏心距，并围绕井筒中心移动，比较不同截面处切向速度的大小可以发现，在 $Z = 450\text{mm}$ 处，切向速度的最小值位于井筒界面左下方，右上方的切向速度最大，在 $Z = 470\text{mm}$、$Z = 510\text{mm}$、$Z = 570\text{mm}$、$Z = 630\text{mm}$、$Z = 680\text{mm}$、$Z = 740\text{mm}$、$Z = 1000\text{mm}$ 的界面云图可以看出，切向速度的最小值随着主流在逆时针运动，同时，切向速度的最大值也在逆时针运动，旋流中心绕井筒中心做偏心圆周运动。切向速度的衰减较快，在 $Z = 3000\text{mm}$ 切向速度衰减，涡破碎为多个分散小涡。

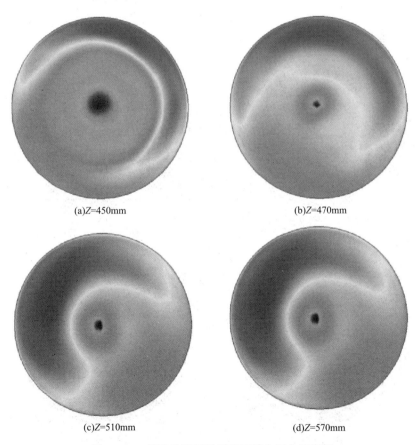

(a)Z=450mm   (b)Z=470mm

(c)Z=510mm   (d)Z=570mm

图 4-11 螺旋导流板后圆形流道内切向速度场

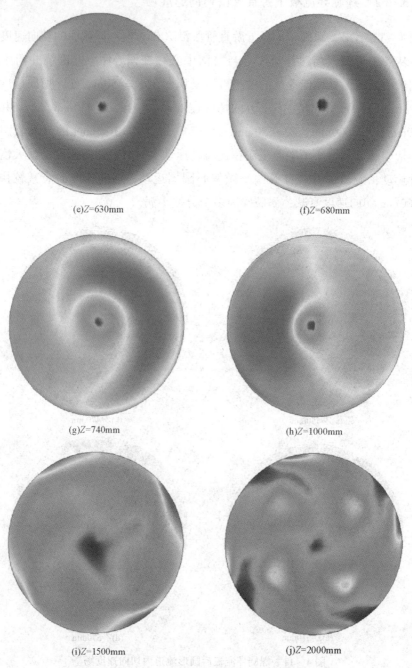

(e)Z=630mm   (f)Z=680mm

(g)Z=740mm   (h)Z=1000mm

(i)Z=1500mm   (j)Z=2000mm

图 4-11 螺旋导流板后圆形流道内切向速度场（续）

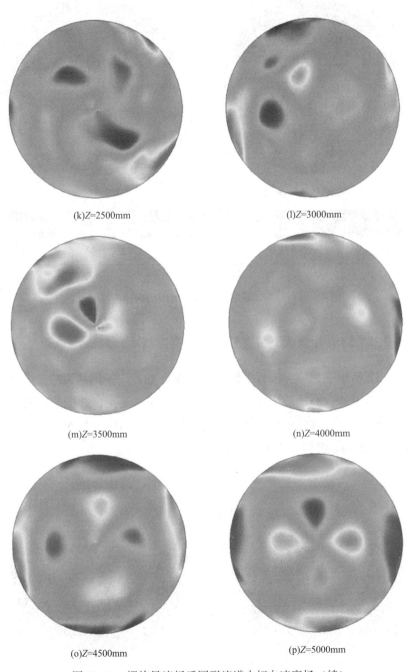

(k)Z=2500mm

(l)Z=3000mm

(m)Z=3500mm

(n)Z=4000mm

(o)Z=4500mm

(p)Z=5000mm

图4-11 螺旋导流板后圆形流道内切向速度场（续）

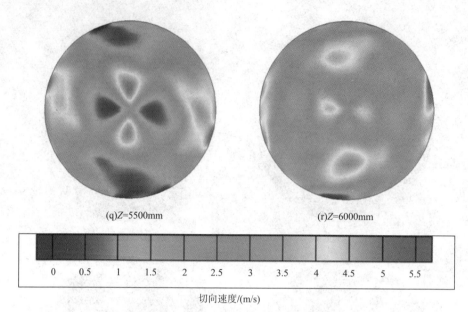

(q)Z=5500mm   (r)Z=6000mm

切向速度/(m/s)

图 4 – 11　螺旋导流板后圆形流道内切向速度场（续）

4.3.2.3　螺旋导流板下游直管段径向速度场

图 4 – 12 给出了螺旋导流板下游直管段沿 Z 轴方向不同截面的径向速度分布云图。从图中可知，高速旋流中心与井筒中心存在偏心距，并围绕井筒中心逆时针移动，旋流中心绕井筒中心做偏心圆周运动。与切向速度相同，径向速度的衰减也在 Z = 3000mm 涡破碎为多个分散小涡。

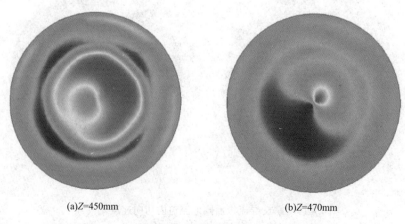

(a)Z=450mm   (b)Z=470mm

图 4 – 12　螺旋导流板后圆形流道内径向速度场

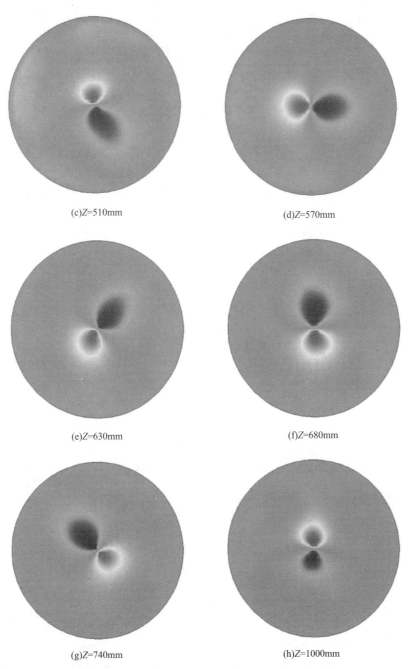

(c)Z=510mm   (d)Z=570mm

(e)Z=630mm   (f)Z=680mm

(g)Z=740mm   (h)Z=1000mm

图 4-12 螺旋导流板后圆形流道内径向速度场（续）

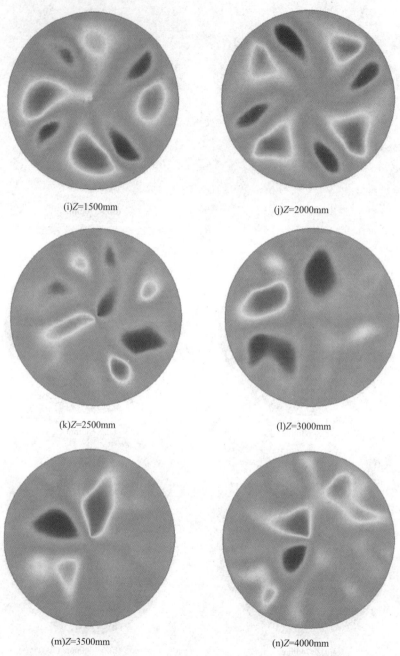

(i)Z=1500mm   (j)Z=2000mm

(k)Z=2500mm   (l)Z=3000mm

(m)Z=3500mm   (n)Z=4000mm

图4－12　螺旋导流板后圆形流道内径向速度场（续）

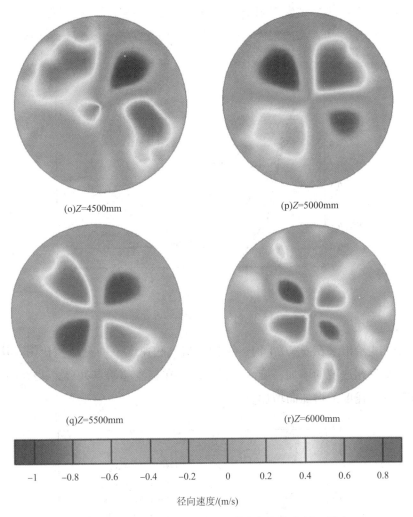

(o)Z=4500mm   (p)Z=5000mm

(q)Z=5500mm   (r)Z=6000mm

径向速度/(m/s)

图 4 – 12　螺旋导流板后圆形流道内径向速度场（续）

4.3.3　旋流数变化规律

旋流数用来表征旋流强度的大小，旋流中，切向速度不可忽略。旋流数定义为切向速度通量与轴向速度通量的比值，即：

$$S_W = \frac{\int \rho_M U W r \mathrm{d}A}{R_O \int \rho_M U^2 \mathrm{d}A} \qquad (4-17)$$

$$\rho_M = \alpha \rho_l + (1-\alpha)\rho_g \qquad (4-18)$$

图 4-13 给出了根据模拟结果获得的不同液相体积含率及不同入口速度下的旋流数。从图中可知，随液相体积率的增加，旋流数越大，旋流衰减越慢。

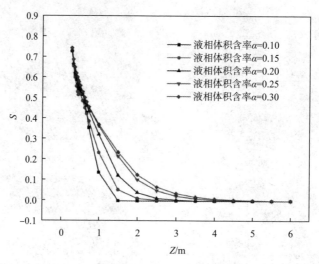

图 4-13　液相体积率对旋流衰减的影响

图 4-14 给出了在 $\alpha = 0.1$ 时，不同入口气相速度下的衰减变化图。从图中可知，随着气相速度的增加，旋流衰减减缓；在旋流起始点处（$Z = 270\text{mm}$）旋流数随着气相速度的增加而增加。

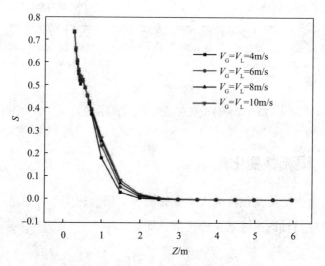

图 4-14　入口流速对旋流衰减的影响

4.4 本章小结

本章采用 FLUENT 软件对由井下涡流工具螺旋导流板引发的气液两相螺旋涡流流场特性进行了数值模拟，研究发现气液两相流通过涡流工具产生极强的螺旋涡流运动，轴向速度在入口是 6m/s，在出口截面处的速度增加，最大值达到14.8m/s；涡流工具的螺旋导流板可以使流体进行旋流流动，气相与液相都受离心力作用，在密度差和离心力作用下，形成气液两相螺旋前进的环状流，气液相分布发生显著的变化，气相集中在低压的旋涡中心，旋流相对较弱但形成快速向上流动的中心气核；液相旋流较强，形成螺旋流动上升的壁面环状液膜区域；流型从入口处由以液滴为主的雾状流经过螺旋导流板后改变为以液膜为主的环状流，环状液膜在井筒出口附近较为稳定。

涡流工具会造成较大的局部压力降，但经过涡流工具后液相形成环状液膜，气相会集中在低压的旋涡中心以中心气核的形式螺旋上升，流型的变化导致压降变化，与普通直管相比，流动压降降低。在真实长距离井筒的基础上，涡流工具的使用降低了气井的总压降。

通过数值模拟所得旋流数预测的旋流流动的维持距离大约为 2.5 ~3m，而理论值大约位于距离自由旋流起始位置的 50D 左右。以油管内径 62mm 为例，理论值为 3.0m，吻合较好。

5　涡流工具正交试验与优化设计

涡流工具对气液的分离性能是由井底环境以及涡流工具的几何结构等多因素决定的。而在工况选择方面，由于井筒内工况的复杂性和多样性，单纯地从数值模拟角度通过改变特定的气液比、流速等工况，并不能很好地说明涡流工具在现场实际的应用情况。另一方面，流速和气液比对分离效果和气体携液能力的影响需要结合大量的井场数据进行综合研究分析，由于试验条件的限制和工作量大，难以将每个因素都考虑在内，所以本章在对旋流特性分析时，把涡流工具的参数设计作为研究重点。

井下涡流工具的研究是涡排采气技术的关键，但目前国内外对井下涡流工具的性能预测、结构参数等理论研究并不完善，为了找出气液分离效率的影响因素，本章在相关文献、专利的基础上通过正交设计方法对涡流工具的几何结构进行优选，并结合特定低产气井工况参数，建立三维旋转流动模型，运用数值模拟软件 Ansys 对涡流工具的气液分离效果进行数值模拟。通过多组模拟的数据，运用旋流强度、压降、出口轴向平均速度等技术指标对尺寸结构进行优化分析，得到优选的涡流工具结构参数。

本章通过对涡流工具结构参数进行优化设计，建立结构参数对涡流工具分离效率的影响机制，为涡流工具的进一步优化和开发出新型高效的井下涡流工具奠定理论基础，为实际生产中分析涡流工具气液分离效率、优化涡流工具结构尺寸、涡流工具的尺寸选取提供理论依据，进而提高低产气井处采收率，更好地投入实际应用。

5.1　尺寸设计优化方案

正交试验设计是在数理统计的基础上，研究多因素、多水平提高试验效率的设计方法。它是通过正交性科学合理地选择有代表性的点进行试验，较好地减少了试验的浪费和盲目性。正交试验方法是一种快速、高效、经济的试验设计方法，是分析因式设计的主要方法。本次尺寸优化模拟试验是为了寻求最优水平组合而设定的一种高效率试验系统。本次试验在众多因素中仅选择了涡流工具的关键尺寸作为典型的影响因素。

5.1.1 试验指标、因素、水平的确定

（1）试验指标的确定

试验指标即衡量试验结果的标准。在井下涡流工具的结构设计中，不但要考虑旋流场特性的变化，同时还要考虑整个工况的压降损失情况。根据第四章对涡流特性的分析，可以确定本章的正交试验指标为气液两相流体流出导流板后的旋流衰减情况、导流叶片后圆管直段压降。旋流速率衰减越小，出口截面处的旋流数越大，导流叶片后圆管直段流动压降越小，则涡流工具的特性越好。

（2）试验因素的确定

试验因素即使试验指标产生变化的因子。涡流工具主要通过将初始的两相流的流型改变为旋流流动从而达到排水采气的目的，因此为简化计算模型，将螺旋导流板作为正交设计优选的关键结构，首先对导流板引发的旋流场进行简单分析。

图5－1给出了涡流工具的关键结构——螺旋导流板的布置形式。

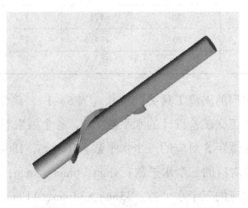

图5－1　涡流工具螺旋导流板结构

由涡流工具螺旋导流板结构可知叶片通道流通截面面积为：

$$A = \frac{(S - \delta) \times (D - d)}{2} \tag{5-1}$$

其中，D为油管内径，S为导流板螺旋叶片的螺距，δ为叶片厚度，d为中心直柱

的直径。

井筒内流体的体积流量为：

$$Q = (S - \delta)\int_{d/2}^{D/2} U_\theta d_r = (S - \delta)\int_{d/2}^{D/2} \omega r d_r \qquad (5-2)$$

积分后得：

$$\omega = \frac{8Q}{(S - \delta)\times(D^2 - d^2)} \qquad (5-3)$$

其中 ω 是涡流工具螺旋叶片出口流体旋转的角速度。由公式（5-3）可知旋转角速度 ω 是中心直柱 d、螺旋导流板叶片螺距 S、螺旋叶片厚度 δ 的函数，即 $\omega = f(S, \delta, d)$。气液两相流体以雾状流的形式经过涡流工具的螺旋导流板，在离心力和密度差的作用下进行气液分离，导流叶片出口处的旋转角速度决定了离心力和旋流强度的大小，直接影响了涡流工具的性能。因此，将中心直柱 d、螺旋导流板叶片螺距 S、螺旋叶片厚度 δ 确定为 3 个基本因素。因素 A：螺旋导流板叶片螺距 S；因素 B：螺旋叶片厚度 δ；因素 C：中心直柱 d。

（3）试验水平的确定

正交试验设计中的水平指某一试验因素的不同状态。

表 5-1　已投用井下涡流工具典型尺寸

工具号	中心直柱 d/mm	叶片外径 D/mm	螺距 S/mm	旋转圈数 N	螺旋叶片厚度 δ/mm
1	38	58	171	1	4
2	44	58	184.5	1	6
3	44	58	263.5	1	6

参考已经投入使用的涡流工具关键尺寸（表 5-1），确定本次所进行优化的涡流工具尺寸。本次正交试验设计的水平数为 3，各个因素对应的水平如下：

螺旋导流板叶片螺距 S 对应的三个水平数：100mm，180mm，260mm；

螺旋叶片厚度 δ 对应的三个水平数：4mm，6mm，8mm；

中心柱直径 d 对应的三个水平数：33mm，38mm，44mm。

5.1.2　正交表设计

正交表是表示试验组合安排的表格，用 $L_n(t^c)$ 表示。L 代表正交表代号，n 代表试验次数，t 代表水平数，c 代表因素的个数。经过以上分析，本次正交试验是 3 因素 3 水平的设计，试验的正交表如表 5-2 所示。

表 5-2　正交试验因素及水平

水平	因素		
	A：叶片螺距 S/mm	B：叶片厚度 δ/mm	C：中心柱直径 d/mm
水平 1	100	4	33
水平 2	180	6	38
水平 3	260	8	44

本试验考虑的是 3 因素 3 水平试验方案，需要设计正交表，其中正交表设计原则为：

（1）每一列中，不同水平出现的次数相等；

（2）任意两列中水平横向组成的数字对中，各个水平出现的次数相等。

根据以上原则设计 3 因素 3 水平的正交表 L_9（3^3）如表 5-3 所示。

表 5-3　正交试验表 L_9（3^3）

试验号	试验因素		
	A	B	C
1	1	1	1
2	2	2	2
3	3	3	3
4	1	2	3
5	2	3	1
6	3	1	2
7	1	3	2
8	2	1	3
9	3	2	1

结合表 5-1、表 5-2，本次正交试验的组合方案如表 5-4 所示。

表 5-4　3 因素 3 水平正交设计结构参数组合方案

试验号	编号	试验因素			工具结构参数		
		A 叶片螺距 S/mm	B 叶片厚度 δ/mm	C 中心柱直径 d/mm	起旋段长 H_2/mm	叶片后直管段长 Y_2/mm	叶片圈数 N
1	A1B1C1	100	4	33	100	600	1
2	A2B2C2	180	6	38	180	600	1

试验号	编号	试验因素			工具结构参数		
		A 叶片螺距 S/mm	B 叶片厚度 δ/mm	C 中心柱直径 d/mm	起旋段长 H_2/mm	叶片后直管段长 Y_2/mm	叶片圈数 N
3	A3B3C3	260	8	44	260	600	1
4	A1B2C3	100	6	44	100	600	1
5	A2B3C1	180	8	33	180	600	1
6	A3B1C2	260	4	38	260	600	1
7	A1B3C2	100	8	38	100	600	1
8	A2B1C3	180	4	44	180	600	1
9	A3B2C1	260	6	33	260	600	1

5.2　正交试验结果与分析

为简化问题的分析，认为井底气液混合物主要成分为甲烷气体与液态水，已知井口地面标准状况工况参数，经过简化后得到井底气液两相流动参数，从而涡流工具数值计算入口边界条件。

表5-4中所建立的9个物理几何模型，根据第三章的数值计算方法采用相同的方法进行网格划分，并采用相同的边界条件如下：

（1）流体入口为常温常压（$T = 293.15\text{K}$，$P = 2\text{MPa}$）两相流的入口边界条件为：速度入口（Velocity Inlet），气相与液相入口流速相同，$u_w = u_g = 6\text{m/s}$，在进口截面处假设液滴分布均匀，流型为雾状流，直径为 $10\mu\text{m}$，甲烷为主项，水位次相，水的体积率为0.1；

（2）出口边界：出口边界设为自由出流边界，即假设出口处的流动是充分发展流动，出口截面设置为自由出流（Outflow），流量权重为1；

（3）壁面条件：采用标准壁面函数（Standard Wall Function），默认壁面采用无滑移边界条件，壁面粗糙度参数为0.4。

本次涡流工具结构化试验，希望得到旋流强度保持性好，出口旋流数高，压降损失小的涡流工具优化结构。

5.2.1 旋流规律的变化

旋流数通常被用来体现旋流中旋流强度，是产生旋流的分离器气液两相分离作用效果的直接体现。旋流最显著的特点就是切向速度不能忽略，因此无量纲旋流数 S 定义为切向动量通量（切向动量在整个截面上积分）与轴向动量通量（轴向动量在整个截面上积分）的比值。其大小决定着中心气核中残留液滴的多少，因而旋流强度的衰减特性便成为评价涡流工具工作性能的一个重要参数。分离筒内螺旋流动的旋流强度通常用无量纲旋流数 S_W 表示。其定义式如下：

$$S_W = \frac{\int \rho_M u_z u_\theta r dA}{R_0 \int \rho_M u_z^2 dA} \tag{5-4}$$

由于研究的是气液两相旋流流动，其中，R_0 为分离筒半径，$\rho_M = \beta\rho_2 + (1 - \beta)\rho_1$，为气液混合物密度，$u_z$ 为混合物轴向速度，u_θ 为混合物切向速度。旋流数 S_W 越大，切向动量通量越大，旋流的旋转运动强度越强，说明螺旋运动的强度越大。

旋流强度沿流动方向的衰减规律是工程实际应用中研究的重点，它体现了涡流工具的有效作用距离。旋流强度的衰减变化情况，直接影响涡流工具下游的气液两相流场分布。9 种不同结构下涡流工具旋流数沿螺旋叶片下游 100mm 内的分布规律见图 5-2。

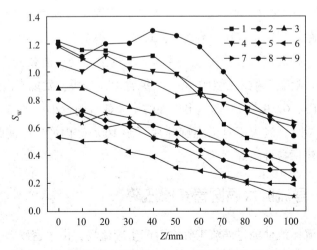

图 5-2　沿螺旋叶片下游 100mm 内的旋流数分布规律

根据图 5-2 涡流工具沿螺旋叶片下游 100mm 内的旋流数分布规律可知，4、5、6、7 号涡流工具衰减平缓，旋流强度保持性最好，衰减速率相对最小，其中 7 号涡流工具的初始旋流数较大，旋流程度较强；2、8 号涡流工具衰减特性次之；1、3、9 号涡流工具衰减较明显；其中 9 号涡流工具旋流强度范围最大，初始旋流数不高，在沿螺旋叶片下游 100mm 处的旋流数最低，相对其他涡流工具的旋流衰减趋势，此涡流工具的旋流保持性较差。由图 5-2 也可以初步看出，叶片螺距 S 为 100mm 时的旋流衰减比螺距 S 为 260mm 时较缓，旋流数分布较高。

表5-5　九组不同的涡流工具出口截面处旋流强度

| 试验号 | 编号 | 试验因素 | | | 出口旋流数 S_{w_2} |
		A 叶片螺距 S/mm	B 叶片厚度 δ/mm	C 中心柱直径 d/mm	
1	A1B1C1	100	4	33	0.3732
2	A2B2C2	180	6	38	0.4275
3	A3B3C3	260	8	44	0.1833
4	A1B2C3	100	6	44	0.5397
5	A2B3C1	180	8	33	0.2554
6	A3B1C2	260	4	38	0.1226
7	A1B3C2	100	8	38	0.5928
8	A2B1C3	180	4	44	0.2083
9	A3B2C1	260	6	33	0.0673

表 5-5 反映的是九组不同的涡流工具出口截面旋流强度大小数据分布情况，出口处的旋流数较大的前三组分别是 7、5、2 三种涡流工具，涡流数较小的三组分别 9、6、3 三种涡流工具，其中 7 号涡流工具出口处旋流数最大为 0.5928，9 号涡流工具出口处旋流数最小为 0.0673。综合上述分析，发现当涡流工具的螺距为 260mm 时（3、6、9 号工具），出口处的旋流数普遍较小；当螺距为 100mm 时（1、4、7 号工具），涡流工具沿螺旋叶片下游 100mm 内的，旋流强度衰减速率相对小，即旋流保持性较好。

5.2.2　导流叶片后圆管直段压降

气液两相流体流动经过涡流工具之后产生旋流场，由于密度差，液态水被甩向壁面，气态甲烷在井筒中间形成螺旋上升的气柱，又知实际流量大，则压力大，压降小，所以涡流工具下游圆管直管段压降可以反映气液混合流体通过涡流工具之后对流动的影响。在实际气井中涡流工具后圆管直管段可长达几千米，因此圆管直管段压降是衡量涡流工具性能的一个重要指标，其中压降 ΔP 越小，则说明该工具降低井筒内流动压降效果越好，该工具的性能也相对较好。九组不同结构的涡流工具的压降大小分布见表 5 - 6。

表 5 - 6　导流叶片后圆管直段压降分布

试验号	编号	试验因素			螺旋叶片后圆管直段压降 ΔP/Pa
		A 叶片螺距 S/mm	B 叶片厚度 δ/mm	C 中心柱直径 d/mm	
1	A1B1C1	100	4	33	1556.1
2	A2B2C2	180	6	38	1935.9
3	A3B3C3	260	8	44	2073.9
4	A1B2C3	100	6	44	1899.7
5	A2B3C1	180	8	33	1154.4
6	A3B1C2	260	4	38	2987.2
7	A1B3C2	100	8	38	1348.2
8	A2B1C3	180	4	44	2113.3
9	A3B2C1	260	6	33	2562.5

由表 5 - 6 可以看出，5 号涡流工具压降最低，6 号涡流工具压降最高，1、2、4、5、7 号涡流工具的压降值都在 1000 ~ 2000Pa，3、6、8、9 号涡流工具的流动压降超过 2000Pa。

5.2.3　多指标正交试验结果数学综合分析

综合 5.3.1 和 5.3.2 中所得的旋流数和压降数据，可以进一步分析涡流工具不同参数对涡流特性的影响情况，本小节则通过数学平衡方法对试验的结果进行综合性分析，得出不同因素对不同试验指标的综合影响程度，从而确定最优结构参数的组合方案。

表 5 - 7 是根据表 5 - 2 正交试验因素及水平表和表 5 - 5 九组不同的涡流工具出口截面处旋流强度表进行对照组合处理，得到不同水平对应的因素下试验指标（旋流数）的水平均值。

表5-7 涡流工具出口截面处旋流数的结果分析

水平均值	因素					
	A 叶片螺距 S/mm	水平均值 /Pa	B 叶片厚度 δ/mm	水平均值 /Pa	C 中心柱直径 d/mm	水平均值
水平 1 均值	100	0.5019	4	0.2347	33	0.2319
水平 2 均值	180	0.2971	6	0.3449	38	0.3810
水平 3 均值	260	0.1244	8	0.3438	44	0.3104
极差	因素 A：0.3775		因素 B：0.1091		因素 C：0.1491	

同理，表5-8是根据表5-2正交试验因素及水平表和表5-6九组不同的涡流工具导流叶片后圆管直段压降分布表进行对照组合处理，得到不同水平对应的因素下试验指标（压降）的水平均值。

表5-8 涡流工具导流叶片后圆管直段压降的结果分析

水平均值	因素					
	A 叶片螺距 S/mm	水平均值 /Pa	B 叶片厚度 δ/mm	水平均值 /Pa	C 中心柱直径 d/mm	水平均值 /Pa
水平 1 均值	100	1601.3	4	2218.8	33	1757.6
水平 2 均值	180	1734.5	6	2132.7	38	2090.4
水平 3 均值	260	2541.2	8	1525.5	44	2028.9
极差	因素 A：938.9		因素 B：693.3		因素 C：332.8	

表5-7和表5-8反映了各因素对应的水平数均值和每个因素不同水平的极差，试验指标为涡流工具出口截面处旋流数和导流叶片后圆管直段压降；其中出口截面处旋流数水平均值越大越好，导流叶片后圆管直段压降水平均值越小越好，因素的极差越大则该因素对应水平的改变对试验产生的影响越大。

由表5-7可以看出，对出口截面旋流数的影响，各因素的影响主次顺序为：因素 A > 因素 C > 因素 B。根据各因素不同水平均值的大小可以优选方案 A1C2B2，即叶片螺距100mm，叶片厚度6mm，中心柱直径38mm。由表5-8可以看出，对导流叶片后圆管直段压降的影响，各因素的影响主次顺序为：因素 A > 因素 B > 因素 C。根据各因素不同水平均值的大小可以优选方案 A1B3C1，即叶片螺距100mm，叶片厚度8mm，中心柱直径33mm。

由于不同指标对应的优选方案不一样，则需要综合考虑各个指标来确定最优的组合方案，可以通过数学平衡方法计算方差和贡献值来进一步分析。为了能显著地观察各个因素的水平对指标的影响，综合表 5 - 7 和表 5 - 8 将各个因素水平作为横坐标，相对应的水平均值数作为纵坐标，得到各因素水平变化对各指标均值的影响，如图 5 - 3、图 5 - 4 所示。

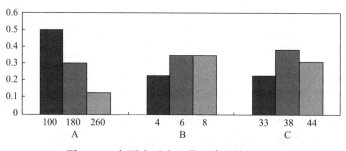

图 5 - 3　各因素对出口截面旋流数的影响

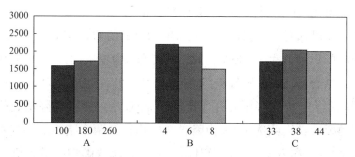

图 5 - 4　各因素对圆管直段压降的影响

对出口截面处旋流数进行方差分析，结果如表 5 - 9 所示。由表可知，叶片螺距 S、叶片厚度 δ、中心柱直径 d 对涡流工具出口截面旋流数影响的贡献值分别是 78.86%、8.85%、12.29%，即叶片螺距对出口截面旋流数影响最大，其次为中心柱直径，叶片厚度影响较小，且叶片螺距 S 的影响远大于叶片厚度的影响。

表 5 - 9　出口截面旋流数方差分析结果

离差来源	离差平方和	自由度	均方和	贡献值
A 叶片螺距 S	0.07142486	3	0.023808287	78.86%
B 叶片厚度 δ	0.00801602	3	0.002672007	8.85%
C 中心柱直径 d	0.01112581	3	0.003708602	12.29%

对导流叶片后圆管直段压降进行方差分析，结果如表 5 - 10 所示。由表可知，叶片螺距 S、叶片厚度 δ、中心柱直径 d 对涡流工具导流叶片后圆管直段压

降影响的贡献值分别是 59.76%、32.99%、7.25%，即叶片螺距对出口截面旋流数影响最大，其次为叶片厚度，中心柱直径对压降的影响相对较小。

表 5-10　导流叶片下游圆管直段压降方差分析结果

离差来源	离差平方和	自由度	均方和	贡献值
A 叶片螺距 S	517306.38	3	172435.46	59.76%
B 叶片厚度 δ	285589.98	3	95196.66	32.99%
C 中心柱直径 d	62713.93	3	20904.64	7.25%

综合正交设计的两个指标进行分析，对于因素 A，对两个指标影响的贡献值均占较大比率，属于第一重要影响因素，是涡流工具特性的主要影响因素，其中由表 5-7 和表 5-8 的结果分析可知，A1 为因素 A 中均符合两个指标的较优水平。而因素 B 和 C 两个指标的较优水平都不相同。对于因素 B 叶片厚度，由表 5-9 和表 5-10 可知对出口截面旋流数影响的贡献值为 8.85%，导流叶片后圆管直段压降影响的贡献值为 32.99%，属于第二重要影响因素，由于对压降的贡献值相对较大，结合图 5-3 和图 5-4 分析可知，叶片厚度 δ 为 6mm 和 8mm 时，对旋流数影响不大，而压降则叶片厚度为 8mm 较小，压降的降低趋势要比旋流数的降低趋势要大，因此选用 B3 为因素 B 中均符合两个指标的较优水平。对于因素 C，由表 5-9 和表 5-10 可知对出口截面旋流数影响的贡献值为 12.29%，导流叶片后圆管直段压降影响的贡献值为 7.25%，属于第三影响因素，即中心柱直径对两个试验指标影响都不大，结合图 5-3 和图 5-4 可以看出，C2 的旋流数相对较大，压降分布与 C3 相差不大，因此综合考虑选择选用 C2 为因素 C 中均符合两个指标的较优水平。

综上，根据出口截面处旋流数和导流板叶片下游圆管直段压降两个正交设计试验指标，涡流工具各因素最优组合方案推荐 A1B3C2，即优选的涡流工具几何结构为：叶片螺距 $S=100mm$，叶片厚度 $\delta=8mm$，中心柱直径 $d=38mm$。

5.3　结构优化验证

将 5.2 小节中得到的最优涡流工具参数组合方案进行数值模拟，其中网格划分和数值计算条件与 5.2 节保持一致。经过计算得到最优涡流工具结构的出口截面处旋流数为 0.6358，导流板叶片下游圆管直段压降为 1037.7，分别与表 5-5

和表 5 – 6 的数据进行对比，可知经过优化后的涡流工具性能在旋流数和压降指标方面都得到了明显的改善。

在旋流流动规律方面，图 5 – 5 反映了不同工具参数的旋流强度沿螺旋导流叶片流动方向的衰减规律，其中 10 号工具为最优方案组合的涡流工具，由图可以看出 10 号工具的旋流衰减较缓，初始旋流数比较靠前，由于旋流保持性较好，在螺旋叶片后 100mm 处的旋流数仍较高。

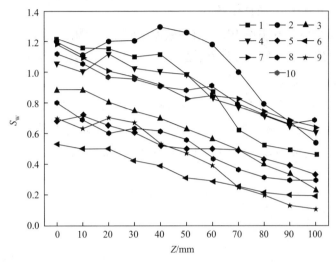

图 5 – 5　涡流工具正交设计与优化结构——导流叶片下游 100mm 内旋流强度变化规律

综上，经过优化后的涡流工具经过数值计算后，在旋流数和压降两个试验指标上跟其他 9 组工具对比有了明显的改善；通过在导流叶片下游 100mm 内旋流强度衰减变化规律又可以进一步证明经过优化后的涡流工具性能较好，验证了优化后的涡流工具优选结构的合理性。

5.4　本章小结

本章基于正交试验的方法对涡流工具进行了结构优化设计。通过确定正交试验因素、水平和试验指标，设计了 3 因素、3 水平的正交试验表 $L_9(3^3)$，建立 9 组不同结构的涡流工具模型进行数值模拟计算分析。利用数学分析方法处理试验结果，得出结论如下。

（1）对于出口截面处的旋流数，因素叶片螺距 S、叶片厚度 δ、中心柱直径 d

的极差大小分别为 0. 3775、0. 1091、0. 1491;对出口处旋流数影响的贡献值分别为 78. 86%、8. 85%、12. 29%;各因素对旋流数的影响排序为:叶片螺距 S > 中心柱直径 d > 叶片厚度 δ。

(2) 对于导流板叶片下游圆管直段压降,因素叶片螺距 S、叶片厚度 δ、中心柱直径 d 的极差大小分别为 938. 9、693. 3、332. 8;对压降的贡献值分别为:59. 76%、32. 99%、7. 25%;各因素对导流板叶片下游圆管直段压降的影响排序为:叶片螺距 S > 叶片厚度 δ > 中心柱直径 d。

(3) 对于导流叶片下游 100mm 内旋流强度衰减变化,4、5、6、7 号涡流工具衰减平缓,旋流强度保持性最好;2、8 号涡流工具衰减特性次之;1、3、9 号涡流工具衰减较明显。

(4) 用数学平衡法综合分析,对涡流工具参数进行优选并进行数值模拟验证,得到最优方案涡流工具参数组合 A1B3C2,即涡流工具的叶片螺距 S 为 100mm,叶片厚度 δ 为 8mm,中心柱直径 d 为 38mm。

6 涡流工具的有效作用长度分析

井下涡流工具使用时，存在两级串联的情况，因为当井比较深时，一级涡流工具的整流效果不足以维持至井口，需串联安装涡流工具再次整流。涡流工具的有效作用长度包括涡流流动的维持长度和液膜存在长度距离。本章根据这两个思路分别计算作用距离，本章在相关假设与简化的基础上，从理论上推导井筒内涡流工具出口段之后的自由旋流运动的衰减机理。首先，不考虑气、液相之间的相互作用，从气、液相单独出发去研究单相流体自由旋流运动的衰减机理，分析切向速度的衰减规律，并基于旋流数预测旋流流动的维持距离；然后，考虑液膜被气流的卷携与夹带效应来分析研究液膜的存在长度。本章根据上述思路计算涡流工具的有效作用距离，以指导涡流工具的现场应用。

6.1 自由剪切旋流的有效长度

6.1.1 中心气流切向速度衰减理论分析

6.1.1.1 柱坐标系下的 Navier – Stokes 方程及其简化

气井内，气流流经涡流工具后，涡流工具不再强制对流体产生旋转运动，所以流体进行自由旋流，切向速度逐渐减小，直至为零，不再旋转。

井筒内的旋流流动问题采用柱坐标系较为方便，柱坐标系下的 Navier – Stokes 方程[103,104]可以描述该流体运动规律：

$$\frac{\partial U}{\partial x} + \frac{1}{r}\frac{\partial (rV)}{\partial r} = 0 \qquad (6-1)$$

$$U\frac{\partial U}{\partial x} + V\frac{\partial U}{\partial r} = -\frac{1}{\rho}\frac{\partial P}{\partial x} + \upsilon\left[\frac{\partial^2 U}{\partial x^2} + \frac{\partial^2 U}{\partial r^2} + \frac{1}{r}\frac{\partial U}{\partial r}\right] - \left[\frac{\partial}{\partial x}\overline{u^2} + \frac{1}{r}\frac{\partial}{\partial r}r\,\overline{uv}\right]$$

$$(6-2)$$

$$U\frac{\partial V}{\partial x} + V\frac{\partial V}{\partial r} - \frac{W^2}{r} = -\frac{1}{\rho}\frac{\partial P}{\partial r} + \upsilon\left[\frac{\partial^2 V}{\partial x^2} + \frac{\partial^2 V}{\partial r^2} + \frac{1}{r}\frac{\partial V}{\partial r} - \frac{V}{r^2}\right] - \left[\frac{\partial}{\partial x}\overline{uv} + \frac{1}{r}\frac{\partial}{\partial r}r\,\overline{v^2} - \frac{\overline{w^2}}{r}\right]$$

$$(6-3)$$

$$U\frac{\partial W}{\partial x} + V\frac{\partial W}{\partial r} + \frac{VW}{r} = \upsilon\left[\frac{\partial^2 W}{\partial x^2} + \frac{\partial^2 W}{\partial r^2} + \frac{1}{r}\frac{\partial W}{\partial r} - \frac{W}{r^2}\right] - \left[\frac{\partial}{\partial x}\overline{uw} + \frac{\partial}{\partial r}\overline{vw} + 2\frac{\overline{vw}}{r}\right]$$

$$(6-4)$$

式（6-4）描述流体切向速度的变化，只需要对该式在合理假设的基础上，通过数量级分析进行简化，以求得描述流体切向速度变化的解析解。

管道内的旋流流动中，轴向速度与切向速度之间是互相影响的[105,106]，所以需要先假设出 U 的分布，再求解 W 的解。

假定的 U 的分布式，即

$$U = U_1 + u'\qquad\qquad(6-5)$$

对称流动中的雷诺切应力项采用式[107]（6-6）表示：

$$\rho\,\overline{vw} = -\frac{\mu'}{\rho}\left(\frac{\partial W}{\partial r} - \frac{W}{r}\right)\qquad\qquad(6-6)$$

令 $\varepsilon = \dfrac{\mu'}{\rho}$ 则，式（6-6）写为：

$$\rho\,\overline{vw} = \varepsilon\left(\frac{\partial W}{\partial r} - \frac{W}{r}\right)\qquad\qquad(6-7)$$

式中：ε 为湍流扩散系数，无量纲。

故式（6-4）后两项关于雷诺应力项的表达式可以表示为：

$$\frac{\partial}{\partial r}\overline{vw} + 2\frac{\overline{vw}}{r} = -\varepsilon\left(\frac{\partial^2 W}{\partial r^2} + \frac{1}{r}\frac{\partial W}{\partial r} - \frac{W}{r^2}\right)\qquad(6-8)$$

所以，式（6-4）表示为下式：

$$U_1\frac{\partial W}{\partial x} + u'\frac{\partial W}{\partial x} + V\frac{\partial W}{\partial r} + \frac{VW}{r} = \upsilon\left[\frac{\partial^2 W}{\partial x^2} + \frac{\partial^2 W}{\partial r^2} + \frac{1}{r}\frac{\partial W}{\partial r} - \frac{W}{r^2}\right] -$$

$$\left[\frac{\partial}{\partial x}\overline{uw} - \varepsilon\left(\frac{\partial^2 W}{\partial r^2} + \frac{1}{r}\frac{\partial W}{\partial r} - \frac{W}{r^2}\right)\right]\qquad(6-9)$$

通过数量级分析可将式（6-9）简化。轴向脉动速度在量级上很小，径向速度相对于轴向平均速度也很小，可以忽略。

综上所述，描述井筒内旋流流动的旋流方程最终可以表示为：

$$U_1 \frac{\partial W}{\partial x} = (\upsilon + \varepsilon)\left(\frac{\partial^2 W}{\partial r^2} + \frac{1}{r}\frac{\partial W}{\partial r} - \frac{W}{r^2} \right) \qquad (6-10)$$

即

$$\frac{Re}{1+\varepsilon'}U_1 \frac{\partial W}{\partial x} = \left(\frac{\partial^2 W}{\partial r^2} + \frac{1}{r}\frac{\partial W}{\partial r} - \frac{W}{r^2} \right) \qquad (6-11)$$

定解条件为：

$$r = 0 \; ; r = \frac{D}{2} \; ; w = 0 \; ; x = 0 \; ; w(r,0) = f(r)$$

式中：D 为管道内直径，m；$w(r,0)$ 为自由旋流段切向速度；$f(r)$ 为自由旋流段起始位置处切向速度分布函数。

6.1.1.2　旋流方程的无量纲化与求解

分析可知，假设切向速度 W 是一个关于轴向距离 x 和管径 r 的函数。即

$$W = W(x,r) \qquad (6-12)$$

令

$$R = R(r) \qquad (6-13)$$

$$X = X(x) \qquad (6-14)$$

分离变量后化简得到：

$$\frac{1}{U_1}\left(\frac{R_n(r)''}{R_n(r)} + \frac{1}{r}\frac{R_n(r)'}{R_n(r)} - \frac{1}{r^2} \right) = \frac{Re}{1+\varepsilon'}\frac{X_n(x)'}{X_n(x)} \qquad (6-15)$$

由式（6-15）可以看出，方程左边是关于半径 r 的函数，方程右边是关于 x 的函数，方程两边要相等，则必须都等于同一个常数。即

$$\frac{1}{U_1}\left(\frac{R_n(r)''}{R_n(r)} + \frac{1}{r}\frac{R_n(r)'}{R_n(r)} - \frac{1}{r^2} \right) = C_n^2 \qquad (6-16)$$

$$\frac{Re}{1+\varepsilon'}\frac{X(x)'}{X(x)} = C_n^2 \qquad (6-17)$$

式中：C_n^2 为特征值，无量纲；$R_n(r)$ 为特征函数。

对于式（6-17）可以求出：

$$X_n(x) = A_n \exp\left[\frac{C(1+\varepsilon)}{Re}x \right] \qquad (6-18)$$

式中：A_n 为不为零的常数。

式 (6-16) 也可以表示为下式:

$$R''_n + \frac{1}{r}R'_n + \left(C_n^2 U_1 - \frac{1}{r^2}\right)R_n = 0 \qquad (6-19)$$

式 (6-19) 的求解过程如下:

令:

$$P = C_n r \sqrt{U_1} \qquad (6-20)$$

则:

$$R'_n = \frac{dR_n}{dP}C_n \sqrt{U_1} \qquad (6-21)$$

$$R''_n = \frac{d^2 R_n}{dP^2}C_n \sqrt{U_1} C_n \sqrt{U_1} = \frac{d^2 R_n}{dP^2}C_n^2 U_1 \qquad (6-22)$$

$$\frac{1}{r}R'_n = \frac{C_n \sqrt{U_1}}{P}\frac{dR_n}{dP}C_n \sqrt{U_1} = P\frac{dR_n}{dP} \qquad (6-23)$$

$$\left(C_n^2 U_1 - \frac{1}{r^2}\right) = \left(C_n^2 U_1 - \frac{C_n^2 U_1}{P^2}\right) \qquad (6-24)$$

将式 (6-20)~式 (6-24) 代入到式 (6-19) 中, 化简得到式 (6-25):

$$P^2 \frac{d^2 R_n}{dP^2} + P \frac{dR_n}{dP} + (P^2 - 1)R_n = 0 \qquad (6-25)$$

定解条件为:

(1) 当 $r = 1$ 时: $R_n(1) = 0$

(2) 当 $r = 0$ 时: $R_n(0) = 0$

由式 (6-25) 可知, $\alpha = 1$。二阶齐次常微分方程的标准解函数[108]表示为:

$$y(x) = AJ_\alpha(x) + BY_\alpha(x) \qquad (6-26)$$

所以

$$R_n(P) = \sum_{n=1}^{\infty} B_n J_1(P) \qquad (6-27)$$

已知 $P = C_n r \sqrt{U_1}$, 式 (6-27) 可以表示为:

$$R_n(r) = \sum_{n=1}^{\infty} B_n J_1(C_n r \sqrt{U_1}) \qquad (6-28)$$

式中: B_n 为常数。

定解条件为:

(1) 当 $r = 0$ 时: $R_n(0) = 0$; $J_1(0) = 0$

（2）当 $r = 1$ 时：$R_n(1) = 0$，根据文献［107］查表得到：

$C_1 = 3.8317$；$C_2 = 7.0156$；$C_3 = 10.1735$；$C_4 = 13.3237$；$C_5 = 16.4706$；$C_6 = 19.6159$。

联立式（6-19）和式（6-28）可以得出：

$$W(r,x) = \sum_{n=1}^{\infty} M_n e^{C_n \frac{2 \cdot 1+\varepsilon}{Re} x} J_1(2C_n r) \tag{6-29}$$

式中：M_n 为常数。

根据 Bessel 函数的性质可以求出 M_n。

$$M_n = \frac{\int_0^1 rf(r)J_1(2C_n r)\mathrm{d}r}{\int_0^1 rJ_1^2(2C_n r)\mathrm{d}r} = \frac{2}{J_0^2(2C_n)}\int_0^1 rf(r)J_1(2C_n r)\mathrm{d}r \tag{6-30}$$

在自由旋流段的起始位置（$x = 0$），即：

$$W(r,0) = \sum_{n=1}^{\infty} C_n J_1(C_n r) \tag{6-31}$$

由上式可知，若给定自由旋流段的起始位置处旋流的切向速度分布，则常数 M_n 可以唯一确定。

Frank & Sonju[102]对试验数据[104]拟合得到自由旋流段起始位置处切向速度分布函数，整理并表示如下：

$$W(r,0) = f(r) = \frac{2\pi}{\tan\theta}[6.3r - 0.013(1.1 - r)^{-2.68}] \tag{6-32}$$

将式（6-32）代入到式（6-30）可以得到常数 M_n 的大小：

$M_1 = \dfrac{7.78\tan\theta}{2\pi}$；$M_2 = -\dfrac{5.26\tan\theta}{2\pi}$；$M_3 = \dfrac{3.93\tan\theta}{2\pi}$；$M_4 = -\dfrac{3.16\tan\theta}{2\pi}$

ε 与 Re 的关系由下式确定：

$$\varepsilon = 4.15 \times 10^{-3} \times Re^{0.86} \tag{6-33}$$

综上，自由旋流切向速度的衰减公式表示为：

$$W(r,x) = \frac{7.78\tan\theta}{2\pi}J_1(3.8317r)\mathrm{e}^{16.675\frac{1+(4.15\times10^{-3}\times Re^{0.86})}{Re}x}$$

$$- \frac{5.26\tan\theta}{2\pi}J_1(7.0156r)\mathrm{e}^{55.714\frac{1+(4.15\times10^{-3}\times Re^{0.86})}{Re}x}$$

$$+ \frac{3.93\tan\theta}{2\pi}J_1(10.1735r)\mathrm{e}^{117.86\frac{1+(4.15\times10^{-3}\times Re^{0.86})}{Re}x} \tag{6-34}$$

$$- \frac{3.16\tan\theta}{2\pi}J_1(13.3237r)\mathrm{e}^{203.73\frac{1+(4.15\times10^{-3}\times Re^{0.86})}{Re}x}$$

由式（6-34）可以看出，旋流切向速度的分布与自由旋流的入口角 θ、气相雷诺数 Re 有关。自由旋流的入口角直接影响气流轴向速度向切向速度转化的程度。气相雷诺数的大小主要取决于气相流速的大小，在相同的自由旋流入口角下，气相速度越大，旋流起始位置处转化为旋流切向速度的动能越大。

6.1.2 管壁液膜切向速度衰减理论分析

气液两相流经涡流工具后，由于旋流运动的离心作用，液滴被甩至井筒内壁，在紧贴管壁做自由旋流，当液膜流出涡流工具后，切向速度逐渐减小，直至为零，不再旋转。与计算中心气流切向速度衰减的理论分析方法相同，将变量分离，得到描述井筒内液膜旋流流动的旋流方程表示为：

$$\frac{1}{U_1}\left(\frac{R_n(r)''}{R_n(r)} + \frac{1}{r}\frac{R_n(r)'}{R_n(r)} - \frac{1}{r^2}\right) = \frac{Re}{1+\varepsilon'}\frac{X_n(x)'}{X_n(x)} = -C_n^2 \qquad (6-35)$$

同理可求出：

$$X_n(x) = A_n \exp\left[\frac{C_n^2(1+\varepsilon')}{Re}x\right] \qquad (6-36)$$

特征函数 $R_n(r)$ 进行换元，得到：

$$P^2\frac{d^2 R_n}{dP^2} + P\frac{dR_n}{dP} + (P^2-1)R_n = 0 \qquad (6-37)$$

液膜厚度是确定上述方程解的关键定解条件，垂直向上环雾流无因次液膜厚度计算式[91]：

$$\frac{\delta_L}{D} = \frac{6.59F}{(1+1400F)^{0.5}} \qquad (6-38)$$

其中：

$$F = \frac{\gamma(Re_{LF})}{Re_g^{0.9}}\frac{\mu_l}{\mu_g}\left(\frac{\rho_g}{\rho_l}\right)^{0.5} \qquad (6-39)$$

$$\gamma(Re_{LF}) = [(0.707Re_{LF}^{0.5})^{2.5} + (0.0379Re_{LF}^{0.9})^{2.5}]^{0.4} \qquad (6-40)$$

$$Re_g = \frac{\rho_g V_c D}{\mu_g} \qquad (6-41)$$

液膜雷诺数 Re_{LF} 表示如下[89]：

$$Re_{LF} = \frac{\rho_l V_{sl}(1-F_E)D}{\mu_l} \qquad (6-42)$$

从式（6-42）可知：液膜厚度的大小与气液相的物性参数、气相流速、液相流速、管径有关。而吴丹[45]给定 $\delta_{\mathrm{L}}/D = 0.085$ 是缺乏理论依据的。由于方程的定解条件难以给出，因此对液膜切向速度的衰减不做理论分析，只做对比。

同时，当液膜的初始轴向速度为 4m/s，得到管壁液膜切向速度衰减的公式为：

$$
\begin{aligned}
W(r,x) = {}& 20.48\mathrm{e}^{\frac{9.442^2(1+67.5)}{77563}z}[-1.091J_1(18.87r) + N_1(18.87r)] \\
& + 0.504\mathrm{e}^{\frac{18.862^2(1+67.5)}{77563}z}[-1.049J_1(37.72r) + N_1(37.72r)] \\
& + 1.349\mathrm{e}^{\frac{28.282^2(1+67.5)}{77563}z}[-1.030J_1(56.56r) + N_1(56.56r)] \\
& + 0.378\mathrm{e}^{\frac{47.132^2(1+67.5)}{77563}z}[-1.022J_1(75.4r) + N_1(75.4r)]
\end{aligned}
\tag{6-43}
$$

6.2 自由旋流数理论分析

旋流数定义为切向速度通量与轴向速度通量的比值，表征旋流强度的大小，旋流数 S_{w} 越大，螺旋运动的强度越大。定义式为：

$$
S_{\mathrm{W}} = \frac{\int\rho_{\mathrm{M}}UWr\mathrm{d}A}{R_o\int\rho_{\mathrm{M}}U^2\mathrm{d}A}
\tag{6-44}
$$

$$
\rho_{\mathrm{M}} = \beta\rho_1 + (1-\beta)\rho_{\mathrm{g}}
\tag{6-45}
$$

已知：

$$
M_n = \frac{\int_0^1 rf(r)J_1(2C_nr)\mathrm{d}r}{\int_0^1 rJ_1^2(2C_nr)\mathrm{d}r} = \frac{2}{J_0^2(2C_n)}\int_0^1 rf(r)J_1(2C_nr)\mathrm{d}r
\tag{6-46}
$$

将上式代入旋流数的定义式中，根据贝塞尔数的相关计算法则，得到：

$$
S_{\mathrm{w}} = \sum_{n=1}^{\infty} -\frac{2}{\lambda_n}D_nJ_0(\lambda_n)\mathrm{e}^{-\lambda_n^2 z}
\tag{6-47}
$$

代入数值得：

$$
S_{\mathrm{w}} = \frac{\tan\theta}{2\pi}[1.63\mathrm{e}^{-14.68z} + 0.45\mathrm{e}^{-49.22z} + 0.29\mathrm{e}^{-103.50z} + 0.11\mathrm{e}^{-177.52z} + \ldots\ldots]
\tag{6-48}
$$

$$Z = \frac{4\left(1 + \dfrac{\varepsilon}{v}\right)}{Re} \frac{x}{D} \qquad (6-49)$$

目前 ε/v 尚无法根据理论求解，ε/v 的计算如下[102]：

$$\frac{\varepsilon}{v} = 4.15 \times 10^{-3} Re^{0.88} \qquad (6-50)$$

旋流数衰减强弱采用下式计算：

$$\frac{S_w}{S_w^0} = \frac{1.63e^{\left[-14.68z + 0.45e^{-49.22z} + 0.20e^{-103.50z} + 0.11e^{-177.52z} + \cdots\cdots\right]}}{1.63 + 0.45 + 0.20 + 0.11 + \cdots\cdots} \qquad (6-51)$$

图 6-1 和图 6-2 分别对比了不同 Re 数下的旋流数衰减的变化规律及增加 Re 数对旋流衰减的影响规律。由图中的非线性衰减过程可知：雷诺数从 1000 到 1000 万的变化范围间，衰减过程随着雷诺数的增加而减缓。雷诺数增加了 10000 倍，但是在 $50d$ 位置处，$Re = 10 \times 10^6$ 万时，$S_w/S_0 = 0.1173$；而 $Re = 1000$ 时，$S_w/S_0 = 0.1773 \times 10^{-3}$；$Re = 5 \times 10^6$ 时，$S_w/S_0 = 0.1006$。随雷诺数的增加，对旋流衰减的影响越来越小。同时，旋流强度随着无量纲位置的线性增加，呈现出非线性的减小。在实际气井工况下，雷诺数的变化对旋流衰减的影响不显著，旋流能够维持的有效距离理论值大约位于距离自由旋流起始位置的 $50D$ 左右。表 6-1 给出了不同油管内径对应的旋流能够维持的有效距离理论值。

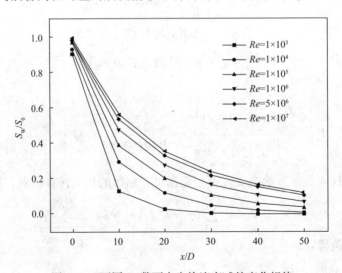

图 6-1　不同 Re 数下自由旋流衰减的变化规律

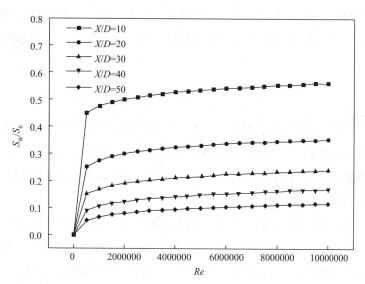

图 6 - 2　不同位置处增加 Re 数对对自由旋流衰减的影响

表 6 - 1　不同油管内径下的自由旋流的维持距离

油管内径 D/mm	50.67	62.00	75.90	100.53
涡流维持的有效距离/m	2.5335	3.1	3.795	5.0265

6.3　液膜存在长度预测模型

　　液膜的存在就可以起到整流的作用。安装涡流工具之后，液膜沿着管壁旋流向上流动，在管壁切应力及中心旋流气芯的作用下，液膜与气芯均会旋流衰减，液膜旋流流动完全停止之前，液膜延井筒内壁螺旋上升一段距离，直至完全不再旋流时，液膜沿井筒内壁以一般形式的环状流向上运动。所以，液膜流动的有效长度包括两部分，一是液膜旋流流动向上运动的长度，二是液膜沿井筒内壁以一般形式的环状流向上运动的有效长度。

6.3.1　模型的建立

　　液膜轴向运动时，其损失的质量主要包括三部分[108]：（1）液膜的气化；（2）液膜被气流的夹带；（3）液滴的回落。对产水气井而言，井下的天然气近似可认为为饱和状态，进而忽略液膜的气化。井下涡流工具的作用是避免液滴的回落，因此假设没有液滴的回落，即液膜轴向运动时，损失的液膜质量仅是液滴夹带造成的。

$$\frac{\mathrm{d}G_\mathrm{f}}{\mathrm{d}z} = -\frac{4}{D}m_\mathrm{e} \tag{6-52}$$

同时，产生液滴夹带的原因有：（1）液膜受热沸腾，剧烈的气化过程使得部分液滴自动脱离液膜；（2）在气相剪切作用下，液膜扰动波的波峰被剪切下来，在表面张力作用下形成液滴。在气井井筒内第一种液滴夹带情况是较难实现的，因此只考虑气流剪切作用下产生的液滴夹带。

综上所述，液膜在井筒内沿着井筒内壁呈环状流向上运动的过程中，由于气相剪切夹带的作用，液膜越来越薄，液膜流量减小，而气相中的液滴越来越多。这一过程所涉及的物理过程非常复杂，为从理论上分析液膜流动的有效长度，因此假设：（1）液膜厚度延井筒周向不变；（2）气相的流动速度和液膜的流动速度沿井筒轴向不变；（3）液滴为刚性球体。

选取 δz 井筒长度为研究对象，通过上面的假设可知，在这一小段的井筒长度内，由于气流对液滴的夹带，使得液滴越来越多，而液膜厚度又逐渐减薄。同时，根据气流湍流动能与表面自由能相等的关系确定的临界液滴直径是气相中能稳定存在的最大液滴直径，比临界直径大的液滴将在气流湍流动能的作用下破碎，而尺寸较小的液滴虽然发生聚并，但聚并后的能稳定存在于气相中的液滴，其直径也势必小于临界液滴直径。则井筒微元长度内液膜液滴的变化过程如图6-3所示。

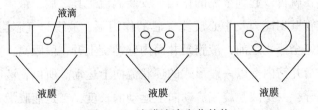

图6-3 液膜液滴变化趋势

垂直管环状流单位面积上的液滴夹带速率与无量纲参数 π_e 之间满足下式：

$$m_\mathrm{e} = k_\mathrm{e}\rho_\mathrm{l}\pi_\mathrm{e}^n \tag{6-53}$$

定义无量纲参数 π_e 为气液相界面处气流切应力与表面张力的比值，即：

$$\pi_\mathrm{e} = \frac{f_\mathrm{i}\rho_\mathrm{g}V_\mathrm{sg}}{\sigma/\delta_\mathrm{L}} \tag{6-54}$$

（1）当 $\pi_e < 0.0675$ 时；$k_e = 3.1 \times 10^{-2}$，$n = 2.3$；

（2）当 $0.0675 < \pi_e < 0.295$ 时；$k_e = 1.6 \times 10^{-3}$，$n = 1.2$；

（3）当 $\pi_e > 0.295$ 时；$k_e = 6.8 \times 10^{-4}$，$n = 0.5$。

则 δz 井筒长度所对应面积上的液滴夹带速率 M_e 为：

$$M_e = m_e \pi_e (D - 2\delta_L) \cdot \delta z \qquad (6-55)$$

假设液滴为球形，因为不考虑液滴的变形，所以表面自由能只与温度和压力有关。

则单位时间 δz 井筒长度所对应管道内液滴数目 N 计算如下：

$$N = \frac{6M_e}{\pi d_B^3 \rho_1} \qquad (6-56)$$

则所有球形液滴对应的总表面自由能表示如下：

$$E_S = \frac{6M_e \sigma}{d_B \rho_1} \qquad (6-57)$$

湍流动能采用下式计算：

$$E_T = \frac{3}{4} \rho_g V_{sg}^3 f_{sg} A \qquad (6-58)$$

其中光滑管道中气流以气相表观流速流动的摩擦系数采用式（6-59）计算[86]：

$$f_i = 0.004 \left(1 + 300 \frac{\delta_L}{D} \right) \qquad (6-59)$$

根据湍流动能与表面自由能相等的关系，可以确定，能够在气流中稳定存在的最大液滴直径为：

$$d_B = \frac{8M_e \sigma}{\rho_g V_{sg}^3 f_{sg} A \rho_1} \qquad (6-60)$$

联立式（6-55）得：

$$d_B = \frac{8\pi \sigma m_e (D - 2\delta_L) \cdot \delta z}{\rho_g V_{sg}^3 f_{sg} A \rho_1} \qquad (6-61)$$

根据气井连续携液液滴理论，只要气流能将最大液滴携至地面，则气井不积液。即最大液滴直径也是气井的临界液滴直径。随着液滴夹带得越来越多，液膜厚度减薄，根据假设，单位时间内 δz 井筒长度内的液膜厚度减薄后的体积变化与井筒内全部液滴的总体积相等，满足下式：

$$\frac{M_e}{\rho_1} = \pi (r^2 - r_0^2) \delta z \qquad (6-62)$$

联立式（6-55）可以得到，当液滴直径达到临界液滴直径时，此时的液膜内径表示为：

$$r = \sqrt{\frac{m_e D\left(1 - 2\dfrac{\delta_L}{D}\right)}{\rho_1} + r_0^2} \qquad (6-63)$$

无量纲液膜厚度 δ_L/D 按照 2.2.1.4 小结的方法[91]计算，即：

$$\frac{\delta_L}{D} = \frac{6.59F}{(1 + 1400F)^{0.5}} \qquad (6-64)$$

其中：

$$F = \frac{\gamma(Re_{LF})}{Re_g^{0.9}}\frac{\mu_1}{\mu_g}\left(\frac{\rho_g}{\rho_1}\right)^{0.5} \qquad (6-65)$$

$$\gamma(Re_{LF}) = [(0.707 Re_{LF}^{0.5})^{2.5} + (0.0379 Re_{LF}^{0.9})^{2.5}]^{0.4} \qquad (6-66)$$

$$Re_g = \frac{\rho_g V_{sg} D}{\mu_g} \qquad (6-67)$$

液膜雷诺数 Re_{LF} 采用下式计算[89]：

$$Re_{LF} = \frac{\rho_1 V_{sl}(1 - F_E)D}{\mu_1} \qquad (6-68)$$

假设控制体的高度与临界液滴直径相等，可以得到液滴的质量流通量 G_f 为：

$$G_f = \frac{\rho_1 V_1\left(\dfrac{D^2}{4} - r^2\right)}{\dfrac{D^2}{4}} \qquad (6-69)$$

至此，描述液膜流动的有效长度模型封闭。

6.3.2　模型计算结果分析

对上述模型在不同工况下的计算结果进行了计算。计算结果见图 6-4 和图 6-5。图 6-4 是在油管内径 62mm、矿化水密度 1074kg/m³、压力 7.2MPa、温度 310K、气相密度 60.7kg/m³、表面张力 0.057N/m 的气井实际工况下的计算结果（液相表观流速取 0.1m/s，气相流速的变化范围为 0.1～1.2m/s）。由图可知：液膜厚度随气相表观流速的增加而减小，这是气相对液膜的剪切作用增加导致的结果，夹带速率随气相表观流速的增加而增加也可以解释这一规律。液膜的质量通量主要与液膜厚度与液膜流速有关，液膜厚度的变化规律与液膜的质量通量变化规律相似，而由于液膜的表观流速不变，随气相表观流速的增加导致的液膜质量通量减小的并不大；液膜的存在距离随气相表观流速的增加而减小，变化范围约为 67 ~ 137m。

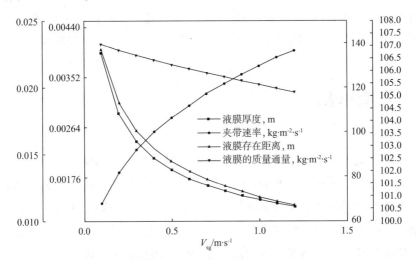

图 6 - 4　液膜参数随气相表观流速的变化规律

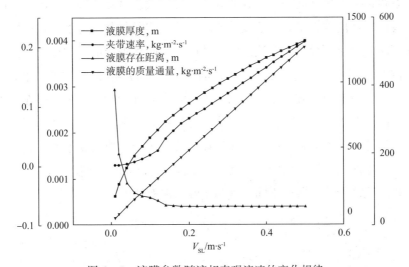

图 6 - 5　液膜参数随液相表观流速的变化规律

图 6 - 5 是在油管内径 62mm、矿化水密度 1074kg/m³、压力 7.2MPa、温度 310K、气相密度 60.7kg/m³、表面张力 0.057N/m 的气井实际工况下的计算结果（气相表观流速取 0.5m/s，液相流速的变化范围为 0.01 ~ 0.5m/s）。由图可知：液相质量通量随液相表观流速的增加而增加，液膜厚度也增加，虽然气相对液膜的剪切作用由于液相表观流速的增加而增加，但是气相夹带速率的增加并没有液

相质量通量增加的迅速，导致液膜厚度整体是增加的；由于气相的表观流速不变，液膜的存在距离随液相表观流速的增加而减小，变化范围约为 $38 \sim 945\mathrm{m}$。

液膜存在距离的理论计算值对参数十分敏感，而计算值又取决于气液两相摩擦系数、气液两相密度、气液两相速度、气液两相黏度、液相表面张力、温度、压力等。所以，气液两相流流动十分复杂，不同的气井实地状况有所差异。

6.4　本章小结

本章从理论上推导了自由旋流切向速度衰减模型，包括中心气芯和管壁液膜的自由旋流衰减。采用旋流数的定义，将旋流段任意位置处的旋流数与初始旋流数的比值作为描述旋流衰减的无量纲物理量，并对比了不同雷诺数下旋流衰减随无量纲距离的变化规律，同时也比较了不同无量纲位置处随雷诺数的增加对旋流衰减的影响规律。结果表明：旋流起始段的旋流强度最大，沿着旋流方向很快衰减；随着雷诺数的增加同一位置处的旋流强度较大，衰减较慢；旋流强度随着无量纲位置的线性增加，呈现出非线性的减小。在实际气井工况下，雷诺数的变化对旋流衰减的影响不显著，旋流能够维持的有效距离理论值大约位于距离自由旋流起始位置的 $50D$ 左右，并给出了 4 种油管内径下的自由旋流的维持距离。然后在此基础上，考虑液膜被气流的卷携与夹带效应来分析研究液膜的存在长度。在某气井实际工况下液膜存在长度的变化范围约在几十到一千米之间。液膜存在距离的理论计算值对参数十分敏感，而计算值又取决于气液两相摩擦系数，气液两相密度，气液两相速度，气液两相黏度，液相表面张力、温度、压力等。所以，气液两相流流动十分复杂，不同的气井实际状况有所差异。

7 结论与展望

7.1 主要结论

本书结合理论分析和数值模拟手段研究了气井连续携液及井下涡流排水采气理论。建立了气井临界携液液滴模型和液膜模型，探讨了旋流条件下的气体携液理论，并开展了涡流排水采气工艺原理分析；通过数值模拟研究气井井下涡流排水采气的动力学机制，揭示流型转变和气液两相螺旋涡流形成机理，明确旋流的衰减过程及衰减规律；对涡流工具结构进行正交数值试验，明确不同结构参数对气液两相流场结构、旋流数和压降的影响规律，并通过数学平衡方法确定最优结构参数组合方案；基于自由旋流剪切理论和旋流数理论分析涡流衰减变化规律，预测旋流的维持长度，并建立液膜存在距离预测模型，准确预测井下涡流工具的有效作用长度。得到主要结论如下。

（1）建立了考虑液滴变形对表面自由能影响的气井临界携液液滴模型和考虑液膜雾化与液滴沉积的动平衡对液滴夹带率和持液率影响的气井临界携液液膜模型。通过现场数据对模型进行了对比和验证，结果表明所建立的新模型具有良好的预测精度。

（2）气流携带液膜的临界气速随着管径的增加而增加；气流携带液滴的流速随临界韦伯数的增加而增加，整体上气流携带液膜要比携带液滴容易，最大降幅可达18.18%。旋流场中由于液滴、液膜受到离心力的作用，使得旋流场中的液滴、液膜携液要比无旋流场中的携液容易。

（3）通过数值模拟计算研究发现气液两相流通过涡流工具产生极强的螺旋涡流运动，轴向速度在入口是6m/s，在出口截面处的速度增加，最大值达到14.8 m/s；涡流工具的螺旋导流板可以使流体进行旋流流动，气相与液相都受离心力作用，在密度差和离心力作用下，形成气液两相螺旋前进的环状流，气液相分别发生显著的变化，流型由雾状流转变为环状流，气相集中在低压的旋涡中心，旋流相对较弱但形成快速向上流动的中心气核；液相旋流较强，形成螺旋流动上升的壁面环状液膜区域；流型从入口处由以液滴为主的雾状流经过螺旋导流板后改变为以液膜为主的环状流，环状液膜在井筒出口附近较为稳定；流型的改变降低了气体的临界携液流速，提高了气体的携液量。通过数值模拟所得旋流数预测的旋流流动的维持距离在 2.5 ~3m 左右，而理论值大约位于距离自由旋流起始位置的 50D 左右。以油管内径 62mm 为例，理论值为 3.0m，吻合较好。

（4）通过正交试验方法建立 9 组不同尺寸的井下涡流工具数值实验模型，研究涡流工具结构对旋流保持性、出口截面处旋流数、螺旋叶导流板后圆管直段压降损失的影响规律，提出井下涡流工具结构优化设计理论依据。经过分析可知，涡流工具叶片下游旋流强度沿轴向变化规律与每个涡流工具的尺寸都有关系，通过旋流衰减规律的急缓程度和出口截面处旋流数可知，4、5、6、7 号涡流工具衰减平缓，旋流强度保持性最好，衰减速率相对最小，其中 7 号涡流工具的初始旋流数较大，旋流程度较强；2、8 号涡流工具衰减特性次之；1、3、9 号涡流工具衰减较明显；其中 9 号涡流工具旋流强度范围最大，初始旋流数不高，在沿螺旋叶片下游 100mm 处的旋流数最低，相对其他涡流工具的旋流衰减趋势，此涡流工具的旋流保持性较差；叶片螺距 S 为 100mm 时的旋流衰减比螺距 S 为 260mm 时较缓，旋流数分布较高。对于出口截面处的旋流数，因素叶片螺距 S、叶片厚度 δ、中心柱直径 d 的极差大小分别为 0.3775、0.1091、0.1491；对出口处旋流数影响的贡献值分别为 78.86%、8.85%、12.29%；对于导流板叶片下游圆管直段压降，因素叶片螺距 S、叶片厚度 δ、中心柱直径 d 的极差大小分别为 938.9、693.3、332.8；对压降的贡献值分别为：59.76%、32.99%、7.25%；导流板叶片螺距 S 对旋流数和压降的影响为主要因素，叶片厚度 δ 和中心直柱直径 d 对螺距花纹压降的影响较小。结合压降和旋流数的变化规律，通过数学平衡方法优选了叶片螺距 $S=100$mm，叶片厚度 $\delta=8$mm，中心柱直径 $d=38$mm 的涡流工具结构；通过出口截面处旋流数、旋流保持性、导流叶片后圆管直段压降损失大小 3 个参数，验证了在同一井况参数下所选的设计工具的工作性能最好。

（5）在自由旋流起始段，旋流强度最大，且沿着旋流方向很快衰减；随着雷诺数的增加，同一位置处的旋流强度较大，衰减较慢；旋流强度随着无量纲位置的线性增加，呈现出非线性的减小。在实际气井工况下，雷诺数的变化对旋流衰减的影响不显著，旋流能够维持的有效距离理论值大约位于距离自由旋流起始位置的 50D 左右。

（6）在液膜的表观流速不变的情况下，液膜厚度随气相表观流速的增加而减小，液膜的存在距离随气相表观流速的增加而减小；气相表观流速不变的情况下，液相表观流速的增加液膜厚度也增加，由于气相的表观流速不变，液膜的存在距离随液相表观流速的增加而减小。在某气井实际工况下液膜存在长度的变化范围约在几十到一千米之间。液膜存在距离的理论计算值对参数十分敏感，而计算值又取决于气液两相摩擦系数，气液两相密度，气液两相速度，气液两相黏度，液相表面张力、温度、压力等。由于气液两相流流动十分复杂，不同的气井实际状况有所差异。

7.2　展　望

受到时间和实验条件的限制，本书中尚有部分研究没有开展，后续研究可以从以下几点着手。

（1）通过实验完善考虑液滴内部流动和液滴变形影响的液滴曳力系数计算模型，完善基于液滴的气井临界携液流速预测模型。原因在于液滴的曳力系数不同于颗粒：①液滴在气井井筒条件下并非球体，这在理论与实验中[80]都已得到了验证。液滴模型中，由于考虑液滴的连续变形，对不同变形程度的液滴，在相同雷诺数下其曳力系数也是不一样的，即不同的变形程度的液滴，其流动边界层分离点的位置是不同的。②液滴内部具有流动。液滴内部流动会减小液滴的曳力系数[27]，所以需要建立考虑了液滴内部流动影响的液滴曳力系数与雷诺数和变形参数的模型。

（2）通过实验建立不同倾角条件下的液滴夹带率计算模型以及环状液膜厚度周相分布预测模型，完善基于液膜的气井临界携液流速预测模型。原因在于：①目前针对不同倾角条件下的液滴夹带率计算模型精度不高，尚待完善；②倾斜井筒内环状液膜厚度周相分布不均，且在不同倾角条件下，环状液膜厚度周相分布差异显著，尚无不同倾角条件下的环状液膜厚度周相分布预测模型。

（3）基于环雾流假设，通过考虑液滴夹带，将液膜模型与液滴模型统一，实现气井临界携液流速的精准预测。气井积液问题可根据气液两相流理论进行解释。井筒中的液滴与液膜之间、液滴与气相之间、液膜与气相之间存在着质量与热量的交换。当液相流量一定时，气相表观流速较小时，气相能量不足以将液膜剪切破碎并卷携至气相空间，液相主要甚至完全以液膜的形式沿着管内壁运动；随着气相表观流速的增加，管壁液膜可以被气相剪切破碎并夹带到气相空间，这时，由于夹带率较小，液相还是主要以液膜的形式存在于井筒内壁并沿内壁面运动，此时用液膜模型预测临界携液流速具有较好的预测结果；再增加气相表观流速，管壁液膜被气流不断地剪切破碎，气相中夹带的液滴数目越来越多，管壁液膜越来越薄，表现为环雾流流型；当气相表观流速增加到某一值时，液相全部被气流剪切，即表现出雾状流流型，即此时用液滴模型具有较好的预测结果。对于水平管、倾斜管和垂直管中气液两相下的液滴夹带率模型不同，在此仅以垂直管道为例分析，分为三种情况。

①液相流量太小，不足以产生夹带，即液相完全以液膜的形式存在，此时持液率完全由液膜占据的流道面积决定，此液膜在气相表观流速小于临界携液流速的情况下，逆流至井底，直至气相表观流速达到临界携液流速时，管壁液膜在气相剪切力，前后液膜所受压差和壁面剪切力作用下沿管壁匀速向上运动，直至井口，此时需要通过基于液膜反转假设的气体临界携液流速模型进行气井积液判断。

②当液相流量增大至可产生携液的临界液相流量时，判断气相流速是否达到能够产生夹带的气相表观流速值，若气相表观流速太小，不足以产生液滴夹带，则液相流动以管壁液膜流动为主，具体情况同第一种情况；当气相表观流速较大，可产生液滴夹带时，此时持液率为管壁液膜的持液率和气芯持液率之和。对于不同的气相表观流速，夹带率的大小是不同的，较小的气相表观流速夹带的液滴数目少，此时液相还是以液膜流动为主；继续增大气相表观流速，气相中夹带的液滴数目越来越多，此时液相以液膜和液滴两种形式存在的质量份额占比相等；当气相表观流速继续增加，液相主要以液滴的形式存在。但是由于上述情况下，气相中夹带有液滴，需基于液膜反转假设，建立考虑液滴夹带的气体临界携液流速预测模型进行气井积液判断。

③当液相流量满足可产生液滴夹带的条件下，气相表观流速增加至某一值时，足够的液相被夹带至气相中，此时气流夹带的液滴数量较多，需要基于液滴反转假设确定气井中气体的临界携液流速。

（4）涡流工具有效作用距离计算模型还需要进一步的优化与改进，并进行实验验证；持液率、井筒直径等因素对涡流工具有效作用距离的影响规律也需要开展进一步深入的分析。

参考文献

[1] 杨启明. 国外井下气液分离采气新技术研究现状分析 [J]. 天然气工业, 2001, 21 (2): 85 – 88.

[2] 春兰, 魏文兴. 国内外排水采气工艺现状 [J]. 吐哈油气, 2004, 9 (3): 255 – 261.

[3] 周际永, 伊向艺, 卢渊. 国内外排水采气工艺综述 [J]. 太原理工大学学报, 2005, 36: 44 – 51.

[4] 王熹颖, 吴学安, 翟丽娜, 等. 排水采气工艺技术发展及应用 [J]. 中国石油和化工, 2012 (8): 34 – 37.

[5] Ali A J, Scott S L, Fehn B. Investigation of new tool to unload liquids from stripper-gas wells [J]. SPE Production & Facilities, 2005, 20 (4): 306 – 316.

[6] 杨涛, 余淑明, 杨桦, 等. 气井涡流排水采气新技术及其应用 [J]. 天然气工业, 2012, 32 (8): 63 – 66.

[7] Turner R G, Hubbard M G, Dukler A E. Analysis and prediction of minimum flow rate for the continuous removal of liquids from gas wells [J]. Journal of Petroleum Technology, 1969, 1475 – 1482.

[8] Coleman S B, Clay H B, Mccurdy D G, et al. New look at predicting gas-well load-up [J]. Journal of Petroleum Technology, 1991, 43 (3): 329 – 333.

[9] Nosseir M A, Darwich T A, Sayyouh M H, et al. A new approach for accurate prediction of loading in gas wells under different flowing conditions [J]. Spe Production & Facilities, 1997, 15 (4): 241 – 246.

[10] Li M, Li S L, Sun L T. New view on continuous-removal liquids from gas wells [J]. SPE Production & Facilities, 2002, 17 (1): 42 – 46.

[11] Sutton R P, Cox S A, Lea J F, et al. Guidelines for the proper application of critical velocity calculations [J]. Spe Production & Operations, 2010, 25 (2): 182 – 194.

[12] 李闽, 孙雷, 李士伦. 一个新的气井连续排液模型 [J]. 天然气工业, 2001, 21 (5): 61 – 63.

[13] 李元生, 李相方, 藤赛男, 等. 气井携液临界流量计算方法研究 [J]. 工程热物理学报, 2014, 35 (2): 291 – 294.

[14] 刘广峰, 何顺利, 顾岱鸿. 气井连续携液临界产量的计算方法 [J]. 天然气工业, 2006, 26 (10): 114 – 116.

[15] 王毅忠, 刘庆文. 计算气井最小携液临界流量的新方法 [J]. 大庆石油地质与开发,

2007, 26（6）：82 – 85.

[16] Grace J R. Shapes and velocities of single drops and bubbles moving freely through immiscible liquids [J]. Trans. instn. chem. engrs, 1976, 54（3）：167 – 173.

[17] 高武彬, 李闽, 洪舒娜, 等. 用格雷斯图版确定气井中液滴形状的一点看法 [J]. 断块油气田, 2009, 16（6）：71 – 72.

[18] 杜敬国, 蒋建勋, 王臣君. 气井连续携液模型对比研究及新模型的现场验证 [J]. 兰州石化职业技术学院学报, 2009, 9（2）：9 – 12.

[19] Zhou D, Yuan H. A new model for predicting gas-well liquid loading [J]. SPE Production & Operations, 2010, 25（2）：172 – 181.

[20] 彭朝阳. 气井携液临界流量研究 [J]. 新疆石油地质, 2010, 31（1）：72 – 74.

[21] 刘捷, 廖锐全, 赵生孝. 不同产能气井携液能力的定量分析 [J]. 天然气工业, 2011, 31（1）：62 – 64.

[22] Tengesdal J Ø, Kaya A S, Sarica C. Flow-pattern transition and hydrodynamic modeling of churn flow [J]. SPE Journal, 1999, 4（4）：342 – 348.

[23] 王志彬, 李颖川. 气井连续携液机理 [J]. 石油学报, 2012, 33（4）：681 – 686.

[24] 周瑞立, 周舰, 罗懿, 等. 低渗产水气藏携液模型研究与应用 [J]. 岩性油气藏, 2013, 25（4）：123 – 128.

[25] 周舰, 王志彬, 罗懿, 等. 高气液比气井临界携液气流量计算新模型 [J]. 断块油气田, 2013, 20（6）：775 – 778.

[26] Azzopardi B J, Piearcey A, Jepson D M. Drop size measurements for annular two-phase flow in a 20mm diameter vertical tube [J]. Experiments in Fluids, 1991, 11（2 – 3）：191 – 197.

[27] Helenbrook B T, Edwards C F. Quasi-steady deformation and drag of uncontaminated liquid drops [J]. International Journal of Multipahse Flow, 2002, 28（10）：1631 – 1657.

[28] 谭晓华, 李晓平. 考虑气体连续携液及液滴直径影响的气井新模型 [J]. 水动力学研究与进展 A 辑, 2013, 28（1）：41 – 47.

[29] 周德胜, 张伟鹏, 李建勋, 等. 气井携液多液滴模型研究 [J]. 水动力学研究与进展, 2014, 29（5）：572 – 579.

[30] 黄铁军, 周德胜, 宋鹏举, 等. 气井多液滴携液模型实验研究 [J]. 断块油气田, 2014, 21（6）：767 – 770.

[31] 刘刚. 气井携液临界流量计算新方法 [J]. 断块油气田, 2014, 21（3）：339 – 340.

[32] 熊钰, 张淼淼, 曹毅, 等. 一种预测气井连续携液临界条件的通用模型 [J]. 水动力学研究与进展 A 辑, 2015, 30（2）：215 – 222.

[33] Pushkina O L, Yul S. Breakdown of liquid film motion in vertical tubes [J]. Heat Transfer-Soviet Research, 1969, 1（5）：56 – 64.

[34] Richter H J, Wallis G B, Speers M S. Effect of scale on two-phase countercurrent flow flooding [J]. 1978, 34（3）：134 – 145.

［35］ Wallis G B, Makkenchery S. The hanging film phenomenon in vertical annular two-phase flow ［J］. Journal of Fluids Engineering, 1974, 96 (3)：297 – 298.

［36］ Wallis G B. One-dimensional two-phase flow ［M］. 1969.

［37］ Owen, D. G. An experimental and theoretical analysis of equilibrium annular flow ［D］. University of Birmingham, UK, 1986.

［38］ 肖高棉, 李颖川, 喻欣. 气藏水平井连续携液理论与实验 ［J］. 西南石油大学学报：自然科学版, 2010, 32 (3)：122 – 126.

［39］ 于继飞, 顾纯巍, 管虹翔, 等. 海上气井携液临界流量模拟分析研究 ［J］. 天然气勘探与开发, 2012, 35 (1)：57 – 60.

［40］ 于继飞, 管虹翔, 顾纯巍, 等. 海上定向气井临界流量预测方法 ［J］. 特种油气藏, 2011, 18 (6)：117 – 119.

［41］ 杨文明, 王明, 陈亮, 等. 定向气井连续携液临界产量预测模型 ［J］. 天然气工业, 2009, 29 (5)：82 – 84.

［42］ 王琦, 李颖川, 王志彬, 等. 水平气井连续携液实验研究及模型评价 ［J］. 西南石油大学学报：自然科学版, 2014, 36 (3)：139 – 145.

［43］ 陈德春, 姚亚, 韩昊, 等. 定向气井临界携液流量预测新模型 ［J］. 天然气工业, 2016, 36 (6)：40 – 44.

［44］ 袁竹林. 气固两相流动与数值模拟 ［M］. 东南大学出版社, 2013.

［45］ 吴丹. 涡流排水采气机理及应用研究 ［DM］. 北京化工大学, 2015.

［46］ Cazan R, Aidun C K. Experimental investigation of the swirling flow and the helical vortices induced by a twisted tape inside a circular pipe ［J］. Physics of Fluids, 2009, 21 (3)：061704.

［47］ Chang S W, Yang T L. Forced convective flow and heat transfer of upward cocurrent air-water slug flow in vertical plain and swirl tubes ［J］. Experimental Thermal and Fluid Science, 2009, 33 (7)：1087 – 1099.

［48］ Chang S W, Lees A W, Chang H T. Influence of spiky twisted tape insert on thermal fluid performances of tubular air-water bubbly flow ［J］. International Journal of Thermal Sciences, 2009, 48 (12)：2341 – 2354.

［49］ Gomez L, Mohan R, Shoham O. Swirling gas-liquid two-phase flow-experiment and modeling part I: Swirling flow field ［J］. Journal of Fluids Engineering, 2004, 126 (6)：935 – 942.

［50］ Gomez L, Mohan R, Shoham O. Swirling gas-liquid two-phase flow-experiment and modeling part II: Turbulent quantities and core stability ［J］. Journal of Fluids Engineering, 2004, 126 (6)：943 – 959.

［51］ Matsubayashi T, Katono K, Hayashi K, et al. Effects of swirler shape on swirling annular flow in a gas-liquid separator ［J］. Nuclear Engineering and Design, 2012, 249 (10)：63 – 70.

［52］ Kataoka H, Shinkai Y, Hosokawa S, et al. Swirling annular flow in a steam separator ［J］. Journal of Engineering for Gas Turbines and Power, 2009, 131 (3)：1 – 7.

［53］Kataoka H, Shinkai Y, Tomiyama A. Pressure drop in two-phase swirling flow in a steam separator ［J］. Journal of Power & Energy Systems, 2009, 3（2）: 382 – 392.

［54］David A, Simpson P E. Vertex flow technology finding new application ［J］. Rocky Mountain Oil Journal, 2003, 83（45）: 1 – 6.

［55］Rana B. Unloading using auger tool and foam and experimental identification of liquid loading of low rate natural gas wells ［M］. USA: Texas A & M University, 2007.

［56］Meher S, Gioia F, Catalin T. Investigation of swirl flow applied to the oil and gas industry ［R］. SPE Projects & Construction, 2009, 20（4）: 1 – 6.

［57］刘雯, 程小莉, 陈勇, 等. 管内螺旋导流板引发的气液两相旋流场 ［J］. 机械工程学报, 2013, 49（22）: 164 – 169.

［58］刘雯, 骆政园, 白博峰. 管内含螺旋纽带诱导的螺旋涡特性 ［J］. 化工学报, 2011, 62（11）: 3115 – 3122.

［59］李隽, 李楠, 李佳宜, 等. 涡流排水采气技术数值模拟研究 ［J］. 石油钻采工艺, 2013, 35（6）: 65 – 68.

［60］杨旭东, 卫亚明, 肖述琴, 等. 井下涡流工具排水采气在苏里格气田探索研究 ［J］. 钻采工艺, 2013, 36（6）: 125 – 127.

［61］朱庆, 张俊杰, 谢飞, 等. 涡流排水采气技术在四川气田的应用 ［J］. 天然气技术与经济, 2013, 7（1）: 37 – 39.

［62］张春, 金大权, 王晋, 等. 苏里格气田井下涡流排水采气工艺研究 ［J］. 天然气技术与经济, 2012, 6（5）: 45 – 48.

［63］杨银山. 南八仙气田排水采气工艺先导性试验及效果研究 ［J］. 钻采工艺, 2013, 36（4）: 44 – 47.

［64］Chen X T, Cai X D, Brill J P. A general model for transition to dispersed bubble flow ［J］. Chemical Engineering Science, 1997, 53（23）: 4373 – 4380.

［65］Adamson A W. Physical chemistry of surfaces ［M］. New York, USA: John Wiley & Sons Inc, 1990.

［66］White F M. Viscous fluid flow ［M］. New York, USA: McGraw-Hill, 1991.

［67］Taitel Y, Dukler A E. Model for predicting flow regime transitions in horizontal and near horizontal gas-liquid flow ［J］. AIChE Journal, 1976, 22（1）: 47 – 55.

［68］郭烈锦. 两相与多相流动力学 ［M］. 西安: 西安交通大学, 2002.

［69］Clift R, Gauvin W H. Motion of entrained particles in gas streams ［J］. The Canadian Journal of Chemical Engineering, 1971, 49（4）: 439 – 448.

［70］Flemmer R L C, Banks C L. On the drag coefficient of a sphere ［J］. Powder Technology, 1986, 48（3）: 217 – 221.

［71］Khan A R, Richardson J F. The resistance to motion of a solid sphere in a fluid ［J］. Chemical Engineering Communications, 1987, 62（1 – 6）: 135 – 150.

［72］ Haider A, Levenspiel O. Drag coefficient and terminal velocity of spherical and nonspherical particles ［J］. Powder Technology, 1989, 58 (1): 63 – 70.

［73］ Barati R, Neyshabouri S A A S, Ahmadi G. Development of empirical models with high accuracy for estimation of drag coefficient of flow around a smooth sphere: An evolutionary approach ［J］. Powder Technology, 2014, 257 (5): 11 – 19.

［74］ Clift R, Grac J R, Weber M E. Bubbles, drops and particles ［M］. New York: A Subsidiary of Harcourt Brace Jovanovich, 1978.

［75］ Brauer D I H, Mewes D I D. Strömungswiderstand sowie stationärer und instationärer Stoff-und Wärmeübergang an Kugeln ［J］. Chemie Ingenieur Technik, 1972, 44 (13): 865 – 868.

［76］ 邵明望, 奚传棣. 球形颗粒沉降曳力系数拟合关联式 ［J］. 化工设计, 1994, 1: 16 – 17.

［77］ Brown P P, Lawler D F. Sphere drag and settling velocity revisited ［J］. Journal of Environmental Engineering, 2003, 129 (3): 222 – 231.

［78］ 魏纳, 孟英峰, 李悦钦, 等. 天然气井连续携液液滴曳力系数研究 ［J］. 天然气技术, 2007, 1 (6): 50 – 54.

［79］ Liu Z, Reitz R D. An analysis of the distortion and breakup mechanisms of high speed liquid drops ［J］. International Journal of Multiphase Flow, 1997, 23 (4): 631 – 650.

［80］ 魏纳, 李颖川, 李悦钦, 等. 气井积液可视化实验 ［J］. 钻采工艺, 2007, 30 (3): 43 – 45.

［81］ 李厚朴, 边少锋, 钟斌. 地理坐标系计算机代数精密分析理论 ［M］. 北京: 国防工业出版社, 2015: 146 – 147.

［82］ 杨继盛, 刘建仪. 采气实用计算 ［M］. 北京: 石油工业出版社, 1994.

［83］ 李士伦. 天然气工程 ［M］. 北京: 石油工业出版社, 2000.

［84］ Hasan A R, Kabir C S. A Simple Model for Annular Two-Phase Flow in Wellbores ［J］. SPE Production and Operations, 2007, 22 (2): 168 – 175.

［85］ Andreussi P, Asali J C, Hanratty T J. Initiation of Roll Waves in Gas-Liquid Flows ［J］. AIChE Journal, 1985, 1 (31): 119 – 126.

［86］ Horst J R. Flooding in tubes and annuli ［J］. International Journal of Multiphase Flow, 1981, 17 (6): 647 – 658.

［87］ 陈家琅. 石油气液两相管流 ［M］. 北京: 石油工业出版社, 1989.

［88］ 王科, 白博峰. 搅拌流内液滴夹带率模型 ［J］. 机械工程学报, 2013, 49 (12): 147 – 152.

［89］ 刘通, 王世泽, 郭新江, 等. 气井井筒气液两相环雾流压降计算新方法 ［J］. 石油钻采工艺, 2017, 39 (03): 328 – 333.

［90］ Pan L, Hanratty T J. Correlation of entrainment for annular flow in vertical pipes ［J］. International Journal of Multiphase Flow, 2002, 28 (3): 363 – 384.

［91］ Henstock W H, Hanratty T J. The Interficial drag and the height of the wall layer in annular flows [J]. AIChE Journal, 1976, 22 (6): 990 – 1000.

[92] Lee A, Gonzalez M, Eakin B. The viscosity of natural gases [J]. Journal of Petroleum Technology, 1966, 18 (8): 997 – 1000.

[93] 赵立新，蒋明虎，李枫，等. 旋流器分散相液滴受力分析 – 液 – 液水力旋流器速度场研究之五 [J]. 石油机械，1999, 27 (5): 24 – 59.

[94] Rubinow S I, Keller J B. The transverse force on a spinning sphere moving in a viscous fluid [J]. Journal of Fluid Mechanics, 1961, 11 (3): 447 – 459.

[95] Saffman P G. The lift on a small sphere in a slow shear flow [J]. Journal of Fluid Mechanics, 2006, 22 (2): 385 – 400.

[96] 周朝，吴晓东，汤敬飞，等. 井下涡流排液采气井筒临界携液量计算 [J]. 大庆石油地质与开发，2016, 35 (6): 99 – 103.

[97] Ali A J. Investigation of flow modifying tools for the continuous unloading of wet-gas wells [DM]. Texas: Texas A&M University, 2003.

[98] 李雪斌，袁惠新，曹仲文. 旋流场内分散相颗粒的受力特性分析 [J]. 金属矿山，2007 (12): 101 – 103.

[99] Fluent Inc. Fluent User's Guide [EB/OL]. Lebanon, NH: Fluent Inc, 2003.

[100] Launder B E, Spalding D B. Lectures in mathematical models of turbulence [M]. Academic Press, London, England, 1972.

[101] 任玉新，陈海昕. 计算流体力学基础 [M]. 北京：清华大学出版社，2006.

[102] 冯叔初. 油气集输与矿场加工 [M]. 东营：中国石油大学出版社，2006.

[103] Frank Kreith, Sonju O K. The decay of a turbulent swirl in a pipe [J]. J. Fluid Mech, 1965, 22 (2): 257 – 271.

[104] 程林，田茂诚，陆煜. 圆形管道内自由旋流衰减的理论分析 [J]. 水动力学研究与进展（A 辑），1995, (06): 673 – 678.

[105] Smithberg E, Landis F. Friction and forced convection heat transfer characteristics in tubes with twisted tape swirl generators [J]. Journal of Hest Transfer, 1964, 29 – 34.

[106] Barbin A R, Jones J B. Turbulent flow in the inlet region of a smooth pipe [J]. Journal of Basic Engineering, 1963, 29 – 34.

[107] Hermann S. Boundary layer theory [M]. Mcgraw-hill book company, 1960.

[108] 刘志旺. 数学物理方程和特殊函数 [M]. 成都：成都电讯工程学院出版社，1988.

[109] Okawa T, Kotani A, Kataoka I, et al. Prediction of the critical heat flux in annular regime in various vertical channels [J]. Nuclear Engineering & Design, 2004, 229 (2 – 3): 223 – 236.

符号表

A	流道截面面积，m^2		R	相间力
A_E	椭球体表面积，m^2		R_O	分离筒半径，m
A_c	气相流道面积，m^2		R_a	绝对温度，$°R$
A_F	液膜环形流道面积，m^2		Re_g	中心气流雷诺数
A_P	油管截面面积，m^2		Re_{SL}	液相表观雷诺数
C_D	曳力系数		Re_{LF}	液膜雷诺数
C_w	壁面剪切因子		s	单液滴表面积，m^2
C_i	界面剪切因子		S	液滴的总表面积，m^2
d	液滴迎风面直径，m		S_E	迎风面面积，m^2
d_E	椭球的迎风面直径，m		S_w	旋流数
d_B	球状液滴直径，m		$S_w^{\ 0}$	初始旋流数
D	井筒内径，m		t	温度，℃
D_h	水力直径，m		T	热力学温度，K
e	井筒的绝对粗糙度，m		u	轴向湍流脉动速度，$m \cdot s^{-1}$
e_T	单位体积流体的湍流动能，$W \cdot m^{-3}$		$u*$	近壁面摩擦速度，$m \cdot s^{-1}$
E_S	液滴总表面自由能，W		U	轴向平均速度，$m \cdot s^{-1}$
E_T	气流总紊流动能，W		v	径向湍流脉动速度，$m \cdot s^{-1}$
Eo	爱特威数		$v*$	径向摩擦速度，$m \cdot s^{-1}$
f_i	气液相界面的摩擦因子		V	径向平均速度，$m \cdot s^{-1}$
f_l	液相摩擦因子		V_c	临界携液流速，$m \cdot s^{-1}$
f_{sg}	气相表观速度下的摩擦系数		V_g	气相真实速度，$m \cdot s^{-1}$
F_g	浮力，N		V_i	液膜运动速度，$m \cdot s^{-1}$
F_D	曳力，N		V_{sg}	气相表观速度，$m \cdot s^{-1}$
F_E	液滴夹带率，$kg \cdot m^{-2} \cdot s^{-1}$		$V_{sg,c}$	临界气相表观流速，$m \cdot s^{-1}$
F_p	体积力		V_{sl}	液相表观流速，$m \cdot s^{-1}$
$F_{lift,g}$	气相对液相的升力		V_l	液相真实流速，$m \cdot s^{-1}$

$F_{vm,p}$	液滴所受的虚拟质量力	w	切向湍流脉动速度，$m \cdot s^{-1}$
g	重力加速度，$m \cdot s^{-2}$	W	切向平均速度，$m \cdot s^{-1}$
G	重力，N	We_l	液相韦伯数
G_{le}	液滴的质量流通量，$kg \cdot m^{-2} \cdot s^{-1}$	Y^+	第一层网格高度，m
G_f	液膜的质量流通量，$kg \cdot m^{-2} \cdot s^{-1}$	Y_1	液相无量纲参数
h	椭球的短轴长度，m	$Q_{1,crit}$	临界液膜质量流量，$kg \cdot s^{-1}$
H_L	持液率	Z	气体压缩系数
H_{LC}	中心气流的持液率	a	相体积分数
H_{LF}	液膜持液率	δ_L	液膜厚度，m
J_G^*	无量纲气相速度	δz	轴向微圆长度，m
K	液滴变形参数	θ	自由旋流的入口角，°
K_X	相间动量交换系数	μ	动力黏度，$Pa \cdot s$
Ku	Kutateladze number 数	μ_1	液相动力黏度，$Pa \cdot s$
m_e	单位面积的夹带速率，$kg \cdot m^{-2} \cdot s^{-1}$	μ_g	气相动力黏度，$Pa \cdot s$
M	天然气视分子量，$kg \cdot kmol^{-1}$	μ_w	矿化水的黏度，$Pa \cdot s$
M_e	总面积上的液滴夹带速率，$kg \cdot s^{-1}$	υ	气体的运动黏度，$m^2 \cdot s^{-1}$
N	无量纲中间变量	ρ_1	液相密度，$kg \cdot m^{-3}$
N_B	邦德数	ρ_g	气相密度，$kg \cdot m^{-3}$
N_m	液滴数目（个）	ρ_M	气液混合物密度，$kg \cdot m^{-3}$
P	压力，MPa	σ	气液表面张力，$N \cdot m^{-1}$
ΔP	液滴迎风面与背风面的压差，Pa	τ_i	相界面的剪切应力，Pa
q_c	临界气相流量，$m^3 \cdot d^{-1}$	τ_w	壁面剪切应力，Pa